高等职业教育通识课程系列教材

生成式人工智能基础与应用

王巧玲　李　洋　陈雯瑾◎主　编
王凯杰　石小娟　王　韬◎副主编

中国铁道出版社有限公司
CHINA RAILWAY PUBLISHING HOUSE CO., LTD.

内 容 简 介

本书共分为六个单元，每个单元分别围绕生成式人工智能（AIGC）技术的不同方面进行讲解，循序渐进，逐步深入。书中首先介绍了生成式人工智能的基本概念、发展历程、技术原理、常见工具、伦理道德问题，以及对生成式人工智能技术的发展展望，然后通过大量案例介绍了生成式人工智能文本类应用、图像类应用、视频声音类应用、跨模态内容生成，最后引领读者综合运用所学知识制作完成五个实战案例，让读者在实际应用中掌握相关技术。

本书内容理论结合实践，适合作为高等职业院校 AI 应用相关课程的教材，也适合希望借助 AI 软件提高自身工作效率的人员学习。

图书在版编目（CIP）数据

生成式人工智能基础与应用 / 王巧玲，李洋，陈雯瑾主编． -- 北京 : 中国铁道出版社有限公司，2025．2．
（高等职业教育通识课程系列教材）． -- ISBN 978-7-113-31910-6

Ⅰ.TP18

中国国家版本馆CIP数据核字第2025P0T721号

书　　名：生成式人工智能基础与应用
作　　者：王巧玲　李　洋　陈雯瑾

策　　划：李志国　　　　　　　编辑部电话：（010）63551006
责任编辑：于先军
封面设计：郑春鹏
责任校对：苗　丹
责任印制：赵星辰

出版发行：中国铁道出版社有限公司（100054，北京市西城区右安门西街 8 号）
网　　址：https://www.tdpress.com/51eds
印　　刷：北京盛通印刷股份有限公司
版　　次：2025 年 2 月第 1 版　2025 年 2 月第 1 次印刷
开　　本：787 mm×1 092 mm　1/16　印张：14　字数：375 千
书　　号：ISBN 978-7-113-31910-6
定　　价：59.80 元

版权所有　侵权必究

凡购买铁道版图书，如有印制质量问题，请与本社教材图书营销部联系调换。电话：（010）63550836
打击盗版举报电话：（010）63549461

前言

在数智化时代,大学生的数字能力和信息素养已成为衡量其综合素质的重要组成部分。随着科技的发展,人工智能技术,特别是生成式人工智能(artificial intelligence generated content,AIGC)技术,正在以前所未有的方式深刻影响着我们的工作、学习和生活。AIGC技术的创新性和革命性特征,为各行各业带来前所未有的机遇与挑战。

本书以培养大学生的数字能力和信息素养为核心目标,深入探讨AIGC技术的核心概念、主要类别、场景应用以及实操技巧。希望通过学习本书内容,读者不仅能够掌握AIGC技术的基本逻辑,而且能够熟练地将该技术应用于各类日常实践,从而在数智化浪潮中把握先机,成为具备创新精神和实践能力的复合型人才。

本书共分为六个单元,每个单元围绕AIGC技术的不同方面展开介绍,循序渐进,逐步深入。单元一以理论为主,介绍了AIGC技术的基本概念、发展历程、伦理道德等。单元二到单元六突出实践,以任务形式讲解AIGC技术各项应用的场景实操:单元二介绍AIGC技术在文本生成中的应用;单元三介绍AIGC技术在图像生成中的应用;单元四介绍AIGC技术在视频声音生成中的应用;单元五介绍AIGC技术跨模态内容生成的应用;单元六介绍AIGC技术在职场中的综合实战。

本书主要有以下特色:

紧跟数智化时代浪潮:2022年被广泛认为是全球AIGC的"元年",经过两年发展,各类AI大模型已经展现出强大的算力和应用能力。当前,市面上关于AIGC的教材较少,这与AIGC技术迅猛发展的态势不相匹配。基于此,本书编写团队在2023年开始谋划,并以全国高等院校计算机基础教育研究会研究课题为依托,坚持"立足时代、综合考量、理论为基、实用为核"的原则推进教材开发,确保内容的前瞻性和实用性。

紧贴大学生发展要求:本书紧密结合当代大学生在数字能力、信息素养等方面的培养需求,通过系统的教学内容和层次分明的学习路径,帮助读者实现从基础概念到实际应用的融会贯通。本书设计了一系列贴近实际的学习任务和案例,帮助读者在掌握理论知识的同时,在模拟实践中提升解决问题的能力,培养其创新思维和实战经验,以满足数智时代对复合型人才的需求。

紧扣"金教材"建设标准： 本书在内容和形式上充分体现了"金教材"建设的要求，注重知识的高阶性、创新性和挑战度。通过典型案例分析和实战演练，引导读者深入理解AIGC技术的原理，培养其在复杂情境下的应用能力。此外，本书特别关注学生综合素质的培养，不仅注重提升其技术应用能力，还注重培养创新思维、批判性思维以及问题解决能力，以确保读者在学术研究和职业发展中能够不断突破自我，迎接未来的挑战。

本书的教学课件和书中实例用到的素材，可登录中国铁道出版社教育资源数字化平台https://www.tdpress.com/51eds获取。

本书为全国高等院校计算机基础教育研究会"计算机基础教育教学研究项目"2024年立项课题——以数字能力和信息素养为导向的《生成式人工智能基础与应用》教材开发（课题编号：2024-AFCEC-037）研究成果。

本书适合高等职业院校的学生使用，也可作为相关领域的从业者和研究者了解AIGC技术的参考书。无论是在学术探索还是职业发展的道路上，本书都能为AIGC技术的研究和使用提供有效的借鉴。

本书由贵州盛华职业学院的六位教师编写完成，王巧玲、李洋、陈雯瑾担任主编，并负责整体架构、相关章节编写及统稿工作，王凯杰、石小娟、王韬担任副主编。由于编者的水平有限，加之AIGC技术及其各类应用日新月异，尽管编者在编写过程中已竭尽全力，但难免会有不足之处，敬请读者批评指正。

编　者

2025年1月

目 录

单元一　开篇明义：AIGC概述 1

情境导入 1
学习目标 1
知识链接 2
　　一、从AI到AIGC 2
　　二、AIGC的底层逻辑 5
　　三、常见的AIGC大模型工具 7
　　四、AIGC在各行业的实际应用案例 8
　　五、AIGC的伦理道德 10
　　六、AIGC的未来发展 11
知识拓展 13
　　一、AIGC的前沿探索 13
　　二、AIGC的未来趋势 13
单元总结 13
单元测验 14

单元二　驭文生文：文本类应用 16

情境导入 16
学习目标 16
知识链接 17
　　一、文本生成技术概述 17
　　二、文本生成工具介绍 18
任务实施 22
　　任务一　通用文案——文心一言 22
　　任务二　常用公文——讯飞公文 27
　　任务三　项目方案——通义千问 32
　　任务四　电子邮件——通义千问 36
　　任务五　新闻写作——腾讯元宝 38
　　任务六　模拟面试——智谱清言 41
　　任务七　创意写作——文心一言 45
　　任务八　其他场景——腾讯元宝 49
知识拓展 52

一、文本生成中的新兴趋势与技术 52
　　二、文本生成伦理问题与版权保护 53
　单元总结 54
　单元测验 55

单元三　运文生图：AIGC图像类应用 57
　情境导入 57
　学习目标 57
　知识链接 58
　　一、图像生成技术概述 58
　　二、图像生成工具介绍 61
　任务实施 96
　　任务一　通用图案 96
　　任务二　项目配图 98
　　任务三　广告设计 101
　　任务四　艺术插画 107
　　任务五　图像修复 111
　　任务六　其他场景 112
　知识拓展 115
　　一、图像生成中的新兴趋势与技术 115
　　二、图像生成伦理问题与版权保护 116
　单元总结 116
　单元测验 117

单元四　文生影音：AIGC视频声音类应用 119
　情境导入 119
　学习目标 119
　知识链接 120
　　一、声音生成技术概述 120
　　二、视频生成技术概述 121
　　三、影音生成工具介绍 122
　任务实施 125
　　任务一　视频制作 125
　　任务二　音频制作 133
　　任务三　影音合成 136
　　任务四　数字人 147
　知识拓展 152
　　一、影音生成中的新兴趋势与技术 152

二、影音生成伦理问题与版权保护 153
　单元总结 154
　单元测验 155

单元五　多元融合：AIGC跨模态内容生成 157
　情境导入 157
　学习目标 157
　知识链接 158
　　一、跨模态内容生成技术概述 158
　　二、跨模态内容生成工具介绍 159
　任务实施 162
　　任务一　制作演讲PPT 162
　　任务二　制作思维导图 168
　　任务三　语音转写 173
　　任务四　多文件阅读 176
　知识拓展 178
　　一、跨模态内容生成的新兴趋势与技术 178
　　二、跨模态内容生成的版权问题与解决方案 179
　单元总结 179
　单元测验 180

单元六　卓越之光：AIGC职场达人实训营 182
　情境导入 182
　学习目标 182
　任务实施 183
　　任务一　求职简历制作 183
　　任务二　活动方案制定 188
　　任务三　专题视频制作 194
　　任务四　知识笔记生成 199
　　任务五　创意产品设计 204
　知识拓展 213
　　一、AIGC对职场创新能力的推动作用 213
　　二、AIGC对职场工作模式的影响 213
　单元总结 214
　单元测验 214

参考文献 216

单元一

开篇明义：AIGC概述

情境导入

在科技日新月异的发展下，人工智能（AI）已经从一个遥远的概念逐渐走进了我们的日常生活，而生成式人工智能（AIGC）作为AI领域的新兴分支，更是以其强大的创造力和广泛的应用前景吸引了无数人的目光。想象一下，一个能够自主生成内容、设计图像，甚至编写代码的AI系统，将如何改变我们的工作和学习方式？

随着AI技术的不断演进，从最初的专家系统到如今的深度学习，AIGC应运而生，它标志着AI不再仅仅是执行预设任务的工具，而是能够主动创造、学习并适应新环境的智能体。那么，AIGC究竟是如何工作的？它的底层逻辑和技术基础又是什么呢？

为了深入探究AIGC的奥秘，我们将一起揭开其技术面纱，了解生成模型的工作原理和数据训练方式。同时，我们还将介绍一些常见的AIGC工具和平台，帮助大家掌握如何在实际中运用这些技术。从文学到教育，从娱乐到营销，AIGC的应用案例已遍布各行各业，展现着它无尽的潜力和价值。

然而，技术的快速发展也伴随着伦理道德的挑战。在享受AIGC带来的便利时，我们更应关注数据隐私、算法偏见等问题，确保技术的负责任使用。最后，让我们一同展望AIGC的未来，探索它可能带来的变革与机遇。

学习目标

1. 知识目标
- 理解AIGC基本概念
- 掌握AIGC技术的发展历程
- 建立机器学习的基础知识框架
- 熟悉AIGC技术在多个领域的应用案例

2. 技能目标
- 具备对AIGC技术研究与分析的能力
- 能够利用数据科学方法为AIGC提供支持
- 理解AIGC在实际场景中的作用和价值

- 掌握AIGC技术的基本应用方法

3. 素质目标

- 培养学习者对AIGC技术的独立思考和判断能力
- 培养学习者对AIGC技术发展的社会责任感
- 持续学习，以适应不断变化的技术环境

知识链接

在数字化时代，AIGC技术正迅速成为创新和生产力提升的关键驱动力。AIGC技术利用机器学习算法，能够自动生成文本、图像、音频和视频等内容，极大地拓宽了创意表达的边界，并在教育、娱乐、设计等多个领域展现出巨大的应用潜力。接下来，我们将深入学习AIGC的发展过程、AIGC的底层逻辑、常见的AIGC大模型工具、AIGC在各行业的实际应用案例、AIGC的伦理道德、AIGC的发展与展望。

一、从AI到AIGC

1. AIGC概念

AI，即artificial intelligence，中文翻译为"人工智能"。它是指通过计算机技术、机器学习、统计学等方法，使计算机系统具备类似于人类的智能和思维能力。AI的核心目标是使计算机能够像人类一样思考和行动，同时也能够解决人类面临的智能和决策问题。

AIGC是指利用人工智能技术生成具有创新性和创造性的内容。AIGC是AI技术在内容创作领域的应用，主要是通过机器学习和自然语言处理等技术，自动或半自动地生成文本、图像、音频、视频等多媒体内容。

AI是一门研究如何使计算机具备像人类一样智能行为的学科，它侧重于数据分析、模式识别和决策支持等任务。而AIGC则是AI技术在内容生成领域的具体应用，它专注于利用AI技术生成具有创新性和创造性的内容。

AI的应用场景广泛，涉及自动驾驶、医疗诊断、金融分析、智能客服等多个领域。而AIGC的应用场景主要集中在内容创作和生产领域，如广告、教育、艺术创作、游戏开发等。

2. AIGC发展历程

AIGC技术的发展可以追溯到20世纪50年代，当时的计算机科学家开始尝试让机器模拟人类的学习和认知过程。随着时间的推移，尤其是进入21世纪以来，计算能力的提升和大数据的积累为AIGC技术的发展提供了强大的动力。

（1）早期探索

AIGC技术的早期探索是一个充满挑战和创新的时期。从20世纪中叶开始，科学家们就开始尝试让机器模拟人类的创造性思维。

1950年，艾伦·麦席森·图灵提出了著名的"图灵测试"（见图1.1），旨在通过对话来检验机器是否具备智能。图灵预言，未来将会创造出能够欺骗人类判断的智能机器。这一理论的提出，不仅为AI的发展奠定了哲学基础，也为后来的AIGC技术埋下了伏笔。

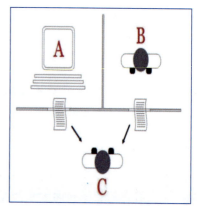

图1.1 图灵测试示意图

1957年，历史上第一支由计算机创作的音乐作品《依利亚克组曲》完成。这部作品基于算法生成，虽然简单，却展示了计算机处理艺术创作的潜力。它证明了机器不仅能够执行逻辑运算，还能涉足音乐、绘画等艺术领域。

到了20世纪60年代，随着计算机技术的进步，自然语言处理（NLP）开始成为AI研究的热点。1966年，约瑟夫·魏岑鲍姆开发了Eliza—— 一款能够模拟心理治疗师对话的程序。尽管Eliza的对话模式相对固定，但它在自然语言理解和生成方面取得了开创性的成就。

AIGC技术的早期探索是一个充满挑战的过程。从图灵测试的提出到依利亚克组曲的创作，再到Eliza程序的开发，每一步都体现了科学家们对于机器智能的不懈追求。这些早期的探索虽然在技术上存在局限，但它们为AIGC技术的未来发展奠定了坚实的基础。

（2）机器学习兴起

随着机器学习算法的发展，AIGC技术开始向更复杂的任务迈进。机器学习使得计算机能够从数据中学习模式，并应用这些模式来执行任务，如语音识别和自然语言理解。这标志着AIGC技术从简单的规则系统向更为灵活和适应性强的智能系统的转变。

从20世纪90年代到21世纪初，AIGC技术进入了沉淀积累阶段。受限于当时的算法瓶颈，AIGC技术无法直接进行复杂内容的生成。然而，这一时期的研究为后来的技术突破积累了宝贵的经验。研究者们通过不断地实验和探索，逐步理解了语言、图像、音乐等不同模态内容的生成规律。

2007年，微软展示了全自动同声传译系统，这不仅是自然语言处理技术的一大进步，也为AIGC技术的发展提供了新的方向。该系统能够实时将英文演讲自动翻译为中文语音，展示了AIGC在语言转换领域的应用潜力。

（3）人工智能小说的尝试

2018年，世界第一部完全由人工智能创作的小说 *1 the Road*（见图1.2）问世，这是AIGC技术在文学创作领域的一次大胆尝试。尽管这部作品在文学价值上可能尚有争议，但它的出现无疑为AIGC技术的未来发展打开了新的大门。

随着时间的推移，AIGC技术不断成熟，开始在新闻、艺术、娱乐等多个领域展现出其独特的价值。未来，随着技术的进一步发展，AIGC有望在更多领域发挥重要作用，推动社会生产力的变革。

3. 深度学习的突破

进入21世纪的第二个十年，AIGC技术迎来了快速发展阶段。这一时期的技术进步主要得益于深度学习算法的不断迭代和创新，这些算法极大地提高了AI生成内容的逼真度和多样性。

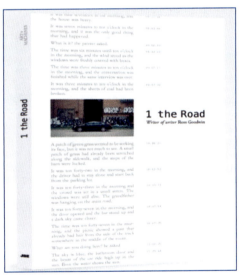

图1.2 小说 *1 the Road*

（1）生成对抗网络的提出

2014年，生成对抗网络（generative adversarial network，GAN）被提出，这是一种新型的深度学习模型，它通过让两个神经网络进行对抗性训练来生成新的、与真实数据相似的数据。GAN的提出，为AIGC技术带来了革命性的突破，极大地提高了AI生成内容的逼真度。

（2）微软"小冰"与AI诗歌创作

2017年，微软的人工智能"小冰"创作了世界首部100%由人工智能创作的诗集《阳光失了玻璃窗》（见图1.3）。这一事件不仅是AIGC在文学创作领域的里程碑，也标志着AI在艺术创作方面的巨大潜力。

（3）DeepMind的DVD-GAN与视频生成

2018年，谷歌的DeepMind研发出了DVD-GAN，这是一种能够自动生成连续视频的AI系统。DVD-GAN的问世，展示了AIGC技术在动态视觉内容生成上的能力，为未来的视频制作和游戏开发等领域提供了新的可能性。

（4）英伟达的StyleGAN与高质量图片生成

2018年，英伟达发布了StyleGAN，这是一种可以自动生成人眼难以分辨真假的高质量图片的AI模型。StyleGAN的发布，进一步推动了AIGC技术在图像生成领域的发展，其生成的图像在视觉效果上达到了前所未有的高度。

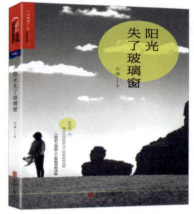

图1.3 诗集《阳光失了玻璃窗》

（5）OpenAI的DALL-E与文本到图像的转换

2019年，OpenAI提出了DALL-E，这是一个输入文字即可生成极高质量且风格多样的图片的AI系统。DALL-E的问世，不仅展示了AIGC技术在文本到图像转换上的能力，也为未来的设计和创意工作提供了强大的工具。

深度学习的出现为AIGC技术带来了革命性的变化。特别是GAN和变分自编码器（variational auto-encoder，VAE）等模型的提出，极大地提高了内容生成的质量。这些模型能够生成逼真的图像、音频和其他媒体内容，使得AIGC的应用范围和影响力得到了极大的扩展。

4. 广泛应用

随着AIGC技术的不断进步，其在内容生产方式上的进化尤为引人注目。近年来，一系列重要的AIGC模型和应用的发布，标志着AIGC技术在多个领域的广泛应用和突破。

（1）DALL-E 2的发布

2022年4月，DALL-E 2的发布是一个重要的里程碑。这一模型不仅能够生成更真实和更准确的画像，而且能够将文本描述中的概念、属性和风格等元素综合起来，生成现实主义的图像和艺术作品。DALL-E 2的发布，展示了AIGC技术在图像生成领域的巨大潜力。

（2）ChatGPT的革命性影响

2022年11月30日，大语言模型ChatGPT的发布引发了全球关注。ChatGPT不仅能与人对话，还能编写代码、创作内容等。这一款革命性产品的上线，在短短5天内用户数量就已突破100万。ChatGPT的出现，不仅改变了人们与机器交互的方式，也为内容创作、编程辅助等领域带来了新的可能。

（3）GPT-4的先进推理能力

2023年3月15日，GPT-4正式面世。GPT-4可以更准确地解决用户的难题，其多模态的特性还可以生成、编辑具有创意性或技术性的文章。在高级推理方面的表现，GPT-4超过了其前代产品，为AIGC技术在复杂问题解决和内容创作上的应用开辟了新的道路。

（4）DALL-E 3的图像生成新高度

2023年9月21日，DALL-E 3正式发布。这一模型在图像生成的效果上达到了新的高度，能够更准确地呈现用户的想法。DALL-E 3的发布，进一步提升了AIGC技术在图像生成领域的应用水平。

（5）Sora的视频生成能力

2024年2月16日，Sora问世。Sora继承了DALL-E 3的画质和遵循指令能力，可以根据用户的文本提示创建逼真的视频。Sora能够深度模拟真实物理世界，生成具有多个角色、包含特定运动的复杂场景。Sora的出现，标志着AIGC技术在视频内容生成上取得了重要进展。

从DALL-E 2到Sora，AIGC技术的发展不再局限于单一模态的内容生成，而是开始向多模态融合的方向发展。这些技术能够理解和生成包含文本、图像、视频等多种模态的内容，为用户提供更加丰富和多样化的交互体验。

AIGC技术的广泛应用突破，不仅是人工智能领域的一次技术飞跃，也是人类探索机器创造力的重要一步。随着技术的不断发展，AIGC将在未来的社会生活中扮演越来越重要的角色，为人类社会的发展贡献新的力量。

二、AIGC的底层逻辑

1. 基础模型

AIGC的基础模型见表1.1。

表1.1　AIGC的基础模型汇总表

模型名称	提出时间	应用场景
VAE	2013年	图像生成、语音合成
GAN	2014年	图像生成、语音合成
扩散模型（diffusion model）	2015年	图像生成
Transformer	2017年	语言模型
Vision Transformer (ViT)	2020年	视觉模型

（1）VAE

变分自编码器是深度生成模型中的一种，由Kingma等人在2014年提出，与传统的自编码器通过数值方式描述潜在空间不同，它以概率方式对潜在空间进行观察，在数据生成方面应用价值较高。VAE分为两部分，编码器与解码器。编码器将原始高维输入数据转换为潜在空间的概率分布描述；解码器从采样的数据进行重建生成新数据。

（2）GAN

2014年Ian GoodFellow提出了GAN，成为早期最著名的生成模型。GAN使用零和博弈策略学习，在图像生成中应用广泛。以GAN为基础产生了多种变体，如DCGAN、StyleGAN、CycleGAN等。

GAN包含两个部分：

生成器：学习生成合理的数据。对于图像生成来说是给定一个向量，生成一张图片。其生成的数据作为鉴别器的负样本。其输入为一组向量，可以表征数字编号、字体、粗细、潦草程度等。在这里使用特定分布随机生成。

鉴别器：鉴别输入是生成数据还是真实数据。网络输出越接近于0，生成数据可能性越大；反之，真实数据可能性越大。在训练阶段，利用真实数据与生成数据训练二分类模型，输出为0~1之间概率，越接近1，输入为真实数据的可能性越大。

生成器与鉴别器相互对立。在不断迭代训练中，双方能力不断加强，最终的理想结果是生成器生成的数据，判别器无法判别是真是假。

以生成对抗网络为基础产生的应用：图像超分、人脸替换、卡通头像生成等。

（3）扩散模型

扩散模型：扩散是受到非平衡热力学的启发，定义一个扩散步骤的马尔科夫链，并逐渐向数据中添加噪声，然后学习逆扩散过程，从噪声中构建出所需的样本。扩散模型的最初设计是用于去除图像中的噪声。随着降噪系统的训练时间越来越长且越来越好，可以将纯噪声作为唯一输入，生成逼真的图片。

扩散模型的工作原理是通过添加噪声来破坏训练数据，然后通过逆转这个噪声过程来学习恢复数据。换句话说，扩散模型可以从噪声中生成连贯的图像。

扩散模型通过向图像添加噪声进行训练，然后模型学习如何去除噪声。该模型将此去噪过程应用于随机种子以生成逼真的图像。

在扩散模型的基础上，各公司与研究机构开发出的代表产品如下：

2017年由谷歌提出，采用注意力机制（attention）对输入数据重要性的不同而分配不同权重，其并行化处理的优势能够使其在更大的数据集训练，加速了GPT等预训练大模型的发展。最初用来完成不同语言之间的翻译。主体包括Encoder与Decoder，分别对源语言进行编码，并将编码信息转换为目标语言文本。

随后，采用Transformer作为基础模型，发展出了BERT、LaMDA、PaLM以及GPT系列。人工智能开始进入大模型参数的预训练模型时代。

2020年由谷歌团队提出，将Transformer应用至图像分类任务，此后Transformer开始在计算机视觉（CV）领域大放异彩。ViT将图片分为14×14的patch，并对每个patch进行线性变换得到固定长度的向量送入Transformer，后续与标准的Transformer处理方式相同。以ViT为基础衍生出了多重优秀模型，如swin transformer、ViTAE transformer等。ViT通过将人类先验经验知识引入网络结构设计，获得了更快的收敛速度、更低的计算代价、更多的特征尺度、更强的泛化能力，能够更好地学习和编码数据中蕴含的知识，正在成为视觉领域的基础网络架构。以ViT为代表的视觉大模型赋予了AI感知、理解视觉数据的能力，助力AIGC发展。

DALL-E 2由美国OpenAI公司开发，并于2022年9月28日，在OpenAI网站向公众开放，提供数量有限的免费图像和额外的购买图像服务。

Imagen是2022年5月谷歌公司发布的文本到图像的扩散模型，该模型目前不对外开放。用户可通过输入描述性文本，生成图文匹配的图像。

2022年8月，Stability AI发布了Stable Diffusion，这是一种类似于DALL-E 2与Imagen的开源Diffusion模型，代码与模型权重均向公众开放。

2. 预训练大模型

虽然过去各种模型层出不穷，但是生成的内容偏简单且质量不高，远不能够满足现实场景中灵活多变以及高质量内容生成的要求。预训练大模型的出现使AIGC发生质变，诸多问题得以解决。

（1）计算机视觉预训练大模型

Florence是微软在2021年11月提出的视觉基础模型。Florence采用双塔transformer结构。文本采用12层transformer，视觉采用swin transformer。通过来自互联网的9亿图文对，采用unified contrasive learning机制将图文映射到相同空间中。其可处理的下游任务包括：图文检索、图像分类、目标检测、视觉问答以及动作识别。

（2）自然语言处理预训练大模型

LaMDA：LaMDA是谷歌在2021年发布的大规模自然语言对话模型。LaMDA的训练过程分为预训练与微调两步。在预训练阶段，谷歌从公共数据中收集了1.56 TB数据集，"喂养"给LaMDA，让其对自然语言有初步认识。

到这一步通过输入prompt能够预测上下文，但是这种回答往往不够准确，需要二次调优。谷歌的做法是让模型根据提问输出多个回答，将这些回答输入到分类器中，输出回答结果的安全性、敏感性、专业性以及有趣性。根据这些指标进行综合评价，将评价从高分到低分进行排列，从中挑选出得分最高的回答作为本次提问的答案。

ChatGPT：ChatGPT是美国OpenAI公司在2022年11月发布的智能对话模型。截至目前ChatGPT未公开论文等技术资料。大多数的技术原理分析是基于InstructGPT分析。ChatGPT与GPT-3等对话模型不同的是，ChatGPT引入了人类反馈强化学习。

ChatGPT与强化学习：强化学习策略在AlphaGo中已经展现出其强大的学习能力。简单地说，ChatGPT通过HFRL来学习什么是好的回答，而不是通过有监督的问题—答案式的训练直接给出结果。通过HFRL，ChatGPT能够模仿人类的思维方式，回答的问题更符合人类对话。

ChatGPT原理：以公司新员工撰写项目提案为例，假设新员工在撰写项目提案时，初版提交后得到领导"需要改进"的反馈，但具体改进方向未明示。面对此情况，新员工深入反思，从领导角度和项目目标出发，对提案进行多轮修改和完善。过程中，新员工逐渐捕捉到提案的精髓，既突出项目独特卖点，又巧妙融入客户潜在需求。最终，提案获得领导高度评价。这是一个新员工通过领导反馈进行自我学习和成长（即类似ChatGPT的HFRL机制）的过程。相较于领导直接给出具体修改建议，新员工按照指示完成提案，他缺少了通过反馈进行自我迭代和提升的过程以及独立思考和主动改进的能力。ChatGPT也是如此。

（3）多模态预训练大模型

CLIP（OpenAI）：2021年美国OpenAI公司发布了跨模态预训练大模型CLIP，该模型采用从互联网收集的4亿对图文对。采用双塔模型与比对学习训练方式进行训练。CLIP的英文全称是contrastive language-image pre-training，即一种基于对比文本—图像对的预训练方法或者模型。

Stable Diffusion（Stablility AI）：Stable Diffusion是英国伦敦 Stability AI公司开源的图像生成扩散模型。Stable Diffusion的发布是AI图像生成发展过程中的一个里程碑，相当于给大众提供了一个可用的高性能模型，不仅生成的图像质量非常高，运行速度快，并且对资源和内存的要求也较低。

三、常见的AIGC大模型工具

1. AI写作工具

文心一言：作为百度基于文心大模型推出的生成式对话产品，文心一言拥有强大的语言理解和生成能力，支持中文、英文等多种语言，广泛应用于搜索、问答、内容创作等领域，为用户提供智能化、个性化的对话体验，被誉为"中国版ChatGPT"。

讯飞公文：讯飞公文是科大讯飞开发的智能公文写作辅助工具，依托星火认知大模型，提供素材筹备、拟稿写作、审稿核稿等功能，支持公文加密保护，适用于政务、企业等多类用户，提升公文撰写效率和质量。

通义千问：通义千问是阿里云推出的超大规模语言模型，具备多轮对话、文案创作、逻辑推理、多模态理解和多语言支持等功能，适用于需要自然语言处理和多样化问题解答服务的场景，为用户提供全面、准确的问题解答。

Kimi智能助手：这是由国内通用人工智能创业公司月之暗面（Moonshot AI）基于自研千亿参数大模型打造的对话式AI助手产品。它于2023年10月推出，是全球首个支持输入20万汉字的智能助手产品，现已支持200万字的无损上下文输入。Kimi具备强大的语言理解和处理能力，以及文件处理、信息检索、学术研究辅助等多种功能，广泛应用于办公、电商、教育等领域。

2. AI绘图工具

通义万相：通义万相是阿里巴巴推出的先进文生文工具，依托强大算法，能深入理解文本内容，生成高质量文章，支持多领域应用，如新闻撰写、广告创意等，提升内容创作效率与品质。

奇域AI：奇域AI是一款创新的文生文工具，专注于提供个性化、创意性文本生成服务，通过智能分析用户需求，生成独特且富有吸引力的文章内容，适用于营销、教育等多种场景。

LiblibAI：LiblibAI是一款基于人工智能技术的文生文工具，拥有强大的语言处理能力，能够高效生成各类文章，包括学术论文、新闻报道等，助力用户快速完成高质量内容创作。

艾绘AI：艾绘AI是一款专注于设计领域的文生文工具，结合AI技术与设计理念，生成富有创意和设计感的文本内容，适用于广告设计、品牌推广等，提升设计作品的文字表现力。

美图设计室：美图设计室虽以设计为主，但其内置的文生文功能也不容小觑，能快速生成与图片相匹配的文字描述，增强设计作品的整体效果，适用于海报、宣传册等多种设计场景。

美间AI：美间AI是一款集设计与文生文于一体的工具，通过智能分析用户需求，生成既美观又实用的文本内容，特别适用于室内设计、家居搭配等领域，提升设计方案的整体质感。

3. AI音/视频工具

剪映专业版：这是一款功能全面且操作便捷的视频剪辑工具，不仅提供剪辑、滤镜、转场等多种功能，还支持高清导出和分享，是视频创作者们提升创作效率和质量的得力助手。

腾讯智影：腾讯推出的智能视频创作平台，集视频剪辑、后期处理、团队协作等功能于一体，支持多格式导入和输出，满足企业和专业视频制作团队的各种需求。

百度加度：百度打造的AI音视频创作神器，内置海量视频模板和音频素材，支持用户一键生成高质量的音视频内容，让创作更加轻松高效。

智谱清影：这是一款以文字图像为核心功能的工具，能够根据用户的文字描述，智能生成与之匹配的精美图片，助力视频创作者打造更加生动、富有创意的视觉效果。

即梦AI：这是一款功能强大的音视频创作助手，通过智能算法，能够根据用户需求自动生成个性化、高质量的音视频内容，助力用户快速实现创意想法。

海绵音乐：这是一款创新的AI音乐创作平台，用户只需输入主题、情感等关键词，即可生成符合需求的个性化音乐，为视频内容增添更多色彩和魅力。

四、AIGC在各行业的实际应用案例

随着人工智能与生成对抗网络的不断发展，其应用领域日益广泛，几乎触及了现代生活的方方面面。下面详细介绍AIGC技术在不同领域中的具体应用。

1. 新闻与媒体

AIGC技术在新闻与媒体领域的应用正在重塑新闻生产流程。它能够通过分析数据、整合信息，自动生成新闻报道，这不仅提高了效率，还允许媒体机构在第一时间发布新闻。AIGC技术还可以根据不同受众群体的偏好，定制新闻内容，实现个性化新闻服务。此外，AIGC还能够生成体育赛事摘要，通过分析比赛数据，快速提供比赛亮点和统计信息，满足体育迷的需求。

案例1：路透社利用AIGC技术自动生成财经新闻。通过集成的算法，该技术能够解析公司的财报数据，并自动撰写关于公司盈利情况的新闻报道。这些报道不仅准确无误，而且发布速度快，让投资者能够迅速获取关键信息。

案例2：体育网站ESPN使用AIGC技术生成NBA比赛的摘要。AIGC系统能够分析比赛的统计数据，如得分、篮板、助攻等，并结合比赛的关键时刻，生成简洁、信息丰富的赛事摘要，为球迷提供快速回顾比赛的方式。

2. 文学与艺术

在文学与艺术领域，AIGC也展现了其独特的魅力。它不仅可以辅助创作诗歌、小说，还能生成独具风格的艺术画作和音乐作品。通过这些作品，我们可以看到人工智能与人类创造力的完美结合，为艺术创作带来了更多的可能性和灵感。

案例1：微软的AI机器人"小冰"能够创作现代诗歌。通过学习数以万计的诗歌，小冰能够理解诗歌的结构和情感表达，并创作出具有一定艺术性的诗歌作品。小冰的诗歌作品在社交媒体上受到了广泛的关注和讨论。

案例2：Google的Magenta项目使用AIGC技术生成音乐作品。该技术通过分析大量的音乐数据，学习不同音乐风格和旋律结构，能够创作出具有独特风格和情感表达的音乐作品。Magenta项目的作品在音乐界引起了一定的关注，展示了AIGC在音乐创作上的潜力。

3. 教育与培训

在教育领域，AIGC技术为个性化学习提供了强大的支持。通过分析学生的学习习惯和能力，AIGC可以帮助教育者开发个性化的学习材料，从而满足每个学生的独特需求。此外，AIGC还能模拟训练场景，为学生提供更加真实和生动的学习体验。

案例1：Coursera利用AIGC技术为学生提供个性化的学习路径。通过分析学生的学习行为和成绩，Coursera的AI系统能够推荐适合学生当前水平和兴趣的课程，帮助学生更有效地规划学习路径。

案例2：医学教育公司Osso VR使用AIGC技术开发了虚拟手术训练系统。该系统通过模拟真实的手术环境，让医学学生能够在虚拟环境中练习手术操作，提高手术技能。

4. 娱乐与游戏

在娱乐和游戏领域，AIGC技术为玩家带来了前所未有的互动体验。利用AIGC，我们可以轻松地创造虚拟角色、游戏环境和互动体验，使得游戏世界变得更加丰富和多彩。无论是逼真的角色动画，还是复杂的环境交互，AIGC都为我们提供了更多的创意空间。

案例1：游戏公司Epic Games使用AIGC技术生成游戏《堡垒之夜》中的城市景观。通过算法，Epic Games能够创建出具有不同建筑风格和布局的城市环境，为玩家提供独特的探索体验。

案例2：电影制作公司Weta Digital利用AIGC技术生成电影《阿凡达》中的虚拟角色。通过分析真实演员的面部表情和身体动作，Weta Digital的AI系统能够生成逼真的虚拟角色，为电影增添生动性。

5. 营销与广告

在营销和广告领域，AIGC技术使得广告投放更加精准和有效。通过分析用户的消费习惯和兴趣偏好，AIGC可以生成个性化的广告内容和社交媒体帖子，从而提高广告的点击率和转化率。这不仅提升了广告效果，还为广告主带来了更高的投资回报率。

案例1：营销公司Acxiom使用AIGC技术为汽车品牌生成个性化的广告。通过分析消费者的购车偏好和行为，Acxiom的AI系统能够生成符合消费者需求的广告内容，提高广告的吸引力。

案例2：天猫利用AIGC技术发起了一个AI共创年画的活动，用户可以通过AIGC互动在明星或者IP制作的年画中添上自己的一笔，创作出带有个人烙印的年画。这种个性化的精准沟通方式吸引了大量粉丝的参与和互动，提升了用户对品牌的忠诚度和黏性。

6. 客户服务

在客户服务领域，AIGC技术为我们提供了智能客服机器人和虚拟助手。这些智能工具可以快速地回答客户的问题，提供有效的解决方案，从而大幅提升客户服务的效率和质量。无论是在线购物平台，还是银行、电信等行业，AIGC都在为我们提供更加便捷和高效的服务体验。

案例1：在线零售商Amazon使用AIGC技术提供智能客服服务。通过自然语言处理技术，Amazon的AI系统能够理解客户的查询，并提供准确的答案和解决方案，提高客服的效率。

案例2：银行公司Citibank利用AIGC技术提供虚拟助手服务。通过语音识别和自然语言处理技术，Citibank的虚拟助手能够理解客户的语音指令，并提供相应的服务，如查询账户余额、转账等。

综上所述，AIGC技术的应用领域已经深入到我们生活的方方面面，从新闻报道到艺术创作，从教育培训到娱乐游戏，再到营销广告和客户服务，都留下了AIGC技术的深刻印记。随着技术的不断进步，我们有理由相信，AIGC将在未来为我们带来更多的惊喜和改变。

AIGC技术的发展不仅为我们带来了便利和高效的内容生产方式，同时也引发了关于创意、版权和伦理等方面的讨论。随着技术的不断进步，AIGC将继续拓展其应用范围，并对我们的社会和文化产生深远的影响。

五、AIGC的伦理道德

1. AIGC技术风险

（1）技术的恶意应用

AIGC的快速发展引发了对深度伪造技术的担忧，该技术使用基于AI的技术生成接近真实的照片、电影或音频，这些可以用来描述不存在的事件或个人。深度伪造技术的出现使得篡改或生成高度真实且无法区分的音频和视频内容成为可能，这最终无法被观察者的肉眼区分。

（2）内容的质量问题

当AI生成的内容不够真实时，很容易让用户认为AIGC生成能力有限，并对AIGC模型本身产生负面印象，这阻碍了AIGC模型的发展。当AI生成的内容是有毒的，它可能对人类的认知产生影响，这涉及道德和伦理问题。

伦理是AIGC技术发展中不能忽视的一个方面，涉及AI和人类社会之间的价值观、道德、法律观念等问题。AI生成内容的潜在毒性是指AI生成的内容存在偏见，即AIGC可能生成违反社会价值的内容，因此它很容易成为许多恶意人士的工具。

（3）模型的安全问题

恶意用户可以利用AIGC模型的漏洞攻击模型，并向输入数据中添加有意的干扰信号以欺骗AIGC模型的行为。这可能导致模型生成错误的输出，或者以有意的方式生成误导信息。

并且，使用模型反向传播攻击也可能从一些输出中推断出用于模型原始训练的数据，这可以引发数据的泄露甚至国家安全。

2. AIGC面临的隐私与安全挑战

（1）数据的隐私安全挑战

个人数据的安全：将个人敏感数据直接上传到生成性AI模型是一种有风险的做法。大型语言模型（LLM）复杂性高、预训练中使用的数据量大，这意味着AIGC具有更高的数据泄露风险。目前，还没有足够有效的手段来保护用户的个人数据不被侵犯。在最近流行的ChatGPT中，OpenAI尚未在技术上实现对用户隐私的有效保护。也就是说，它们几乎不可能从提供给ChatGPT的数据中删除所有用户的个人信息。

身份认证与访问控制：大型生成式AI模型的强大能力使其能够快速学习用户隐私数据。然而，通过AIGC服务将这些数据毫无保留地呈现给所有用户，会带来严重的安全问题。身份认证和访问控制能够限制具有不同身份的用户访问特定的数据。然而，目前AIGC服务中缺乏相应的限制措施。包括微软和亚马逊在内的公司已经警告他们的员工不要与ChatGPT分享内部机密信息，因为已经出现了ChatGPT的输出与企业机密内容密切相关的情况。

（2）生成内容的质量挑战

事实上的失真：AIGC失真指的是生成与事实相悖的内容，产生虚假信息并误导用户。这样的内容会影响到信息的准确性，并可能对用户的决策产生负面影响。

观点上的偏见：AIGC的偏见包括与人类价值观不一致、对特定群体的成见或歧视，这可能损害社会和谐并加剧不同群体之间的冲突。

3. AIGC使用时的伦理与道德素养

（1）伦理素养

科技伦理意识：需要认识到技术不仅仅是工具，其应用往往涉及伦理问题。我们应该了解并关注技术发展可能带来的伦理挑战，如人工智能决策可能产生的歧视、隐私问题等。

负责任的决策：在面临技术决策时，我们应考虑其可能对社会、环境及他人造成的影响，并基于伦理原则做出负责任的决策。

可持续发展观念：应理解和支持可持续发展观念，即在使用和推广新技术时，要考虑到其对环境、经济和社会长期可持续发展的影响。

（2）道德素养

诚信：无论是在学术研究、项目合作还是日常生活中，我们都应保持诚实和信用，不抄袭、不造假、不剽窃。

尊重：尊重他人的观点、劳动成果和知识产权。在学术交流和技术应用中，尊重原创性和他人的贡献。

公正：在处理技术相关的问题时，我们应秉持公正原则，不偏袒任何一方，不利用技术优势损害他人利益。

隐私保护：在使用和处理个人信息时，我们应严格遵守隐私保护原则，不泄露、不滥用他人的个人信息。

社会责任感：应认识到自己的技术行为和决策可能对社会造成的影响，并承担起相应的社会责任。应积极关注社会公益事业，利用自己的技术知识和技能为社会做出贡献。

六、AIGC的未来发展

AIGC技术通过模拟人类的创造力，已经在多个领域展现出其独特的价值，并且随着技术的进一步发展，预计将在更多领域发挥重要作用，推动社会生产力的变革。

1. 技术进步

近年来，深度学习算法经历了数次迭代和创新，特别是GAN和变分VAE等先进模型的提出，为AIGC技术注入了新的活力。这些模型通过模拟人类大脑的学习过程，使得AI生成的内容在逼真度和多样性上都有了质的飞跃。未来，随着技术的不断进步，我们可以期待AIGC在内容生成上达到更高的艺术性和创造性。

2. 多模态融合

AIGC技术的发展正逐渐打破单一模态的限制，向多模态融合的方向迈进。这意味着AIGC将能够理解和生成包含文本、图像、视频以及音频等多种模态的内容，为用户提供更加丰富和多元的感官体验。例如，在未来的虚拟现实中，用户可以通过AIGC技术生成的多媒体内容，沉浸在更加真实且富有互动性的虚拟环境中。

3. 智能化和个性化

随着大数据和云计算等技术的不断发展，AIGC将变得更加智能化和个性化。通过对用户行为的深入分析和学习，AIGC将能够更准确地捕捉用户的需求和偏好，从而生成更加符合用户个性化的内容。这种智能化的内容生成方式，不仅将提升用户体验，还将为企业提供更精准的营销和推广手段。

4. 广泛应用

AIGC技术的应用领域正在不断扩展，已经渗透到新闻与媒体、文学与艺术、教育与培训、娱乐与游戏等多个方面。在这些领域中，AIGC技术正助力专业人士提高工作效率，同时也为普通用户提供了更加便捷和高效的服务。未来，随着技术的进一步成熟和应用场景的不断拓展，AIGC的应用将更加广泛和深入。

5. 社会影响

AIGC技术的发展不仅改变了传统的内容生产方式，更引发了关于创意、版权和伦理等方面的深刻讨论。这些讨论预示着AIGC将对我们的社会和文化产生深远的影响。例如，在创意产业中，AIGC技术的广泛应用可能会对传统创作方式产生冲击，但同时也为创作者提供了更多的创作手段和可能性。

6. 规范和引导

面对AIGC技术的快速发展和应用，社会需要对其进行合理地规范和引导。这包括制定相应的法律法规和标准体系，以确保AIGC技术的健康、有序和可持续发展。同时，还需要加强对AIGC技术的监管和评估工作，防止其被滥用或误用。

7. 经济贡献

随着AIGC技术的商业化落地进程加速，其巨大的市场潜力正在被逐步挖掘。预计未来几年内，AIGC技术将带动市场规模的快速增长，为经济发展贡献新的力量。这不仅将为企业带来更多的商业机会和利润空间，还将推动相关产业链的发展和升级。

8. 技术飞跃

AIGC技术的广泛应用和突破被视为人工智能领域的一次重大技术飞跃。这不仅体现在其生成内容的逼真度和多样性上，更体现在其对人类探索机器创造力的重要推动作用上。未来随着技术的不断进步和创新应用模式的涌现，我们可以期待AIGC在更多领域展现出其强大的潜力和价值。

一、AIGC的前沿探索

1. 跨模态融合技术

当前，AIGC领域的一个重要前沿方向是跨模态融合。这意味着AI技术不仅能够生成单一类型的内容（如文本或图像），还能够将多种模态的内容（如文本、图像、音频、视频）进行融合和生成。例如，通过输入一段描述性文字，AI技术可以同时生成相应的图像、音频和视频片段，从而创造出更加丰富和立体的内容体验。

2. 强化学习与生成模型的结合

强化学习是一种通过环境反馈来训练AI的技术，它与生成模型的结合正在成为AIGC领域的一个研究热点。通过强化学习，AI可以学会如何根据用户的反馈来优化生成的内容，从而实现更加个性化和精准的生成。

3. 生成式预训练大模型

随着预训练大模型的不断涌现，生成式预训练大模型也成了AIGC领域的一个重要方向。这些模型通过在海量数据上进行预训练，学会了丰富的语言知识和生成能力，能够在各种生成任务上表现出色。

二、AIGC的未来趋势

1. 更广泛的应用领域

随着技术的不断进步，AIGC的应用领域将不断拓展。除了传统的新闻、文学、艺术等领域外，AIGC还将逐渐渗透到教育、医疗、工业制造等更多领域，推动这些行业的数字化转型和智能化升级。

2. 更高的生成质量和效率

未来的AIGC技术将更加注重生成内容的质量和效率。通过优化算法、提升模型性能以及利用更强大的计算资源，AIGC将能够生成更加逼真、自然和富有创意的内容，并且生成速度也将得到显著提升。

3. 更加个性化的生成服务

随着用户需求的多样化，未来的AIGC技术将更加注重个性化服务。通过分析用户的兴趣、偏好和行为数据，AI将能够为用户提供更加符合其需求的生成内容，从而提升用户体验和满意度。

4. 更加严格的伦理规范和监管

随着AIGC技术的广泛应用，其带来的伦理问题也将日益凸显。因此，未来需要建立更加严格的伦理规范和监管机制，确保AIGC技术的健康、有序和可持续发展。这包括对数据隐私、算法偏见、内容质量等方面进行严格的监管和评估。

单元总结

本单元以"从AI到AIGC"为研究主题，系统性地探讨了AIGC技术的若干核心议题。首先，本单元界定了AI与AIGC之间的差异，并强调了AIGC在AI领域中的重要分支地位，特别是在创新性和实用性内容生成方面所展现的独特价值，为后面的学习内容奠定了坚实的理论基础。

继而，深入剖析了AIGC的技术基础，涵盖了生成模型的工作原理及其数据训练方法。对这些技术细节的详尽阐释，旨在促进读者对AIGC算法机制和运作原理的深刻理解，为实际应用提供了必要的技术支撑。在理论基础和技术细节的支撑下，本单元进一步介绍了多种AIGC工具和平台，详细讨论了它们的功能特性及其在不同应用场景中的适用性。通过这些工具的学习，旨在丰富学习者的知识技能，并为实际操作能力的培养提供实践机会。

此外，本单元通过一系列行业应用案例，具体展示了AIGC在不同行业中的实际应用及其潜在价值，从而加深了对AIGC在现实世界中重要性的认识。在探讨了AIGC的技术应用之后，本单元还涉及了AIGC在应用过程中可能遇到的伦理道德问题，并对其未来的发展趋势进行了前瞻性的分析。这些讨论旨在明确在使用AIGC时应当遵守的伦理道德规范，并为对未来技术发展的深入思考提供指导。

综上所述，本单元的学习内容全面覆盖了AIGC的关键知识领域，为学习者在该领域的深入研究和职业发展奠定了坚实的基础。

单元测验

一、选择题（每题2分，共20分）

1. AIGC技术的核心在于模拟什么的创造力？
   A. 机器　　　　B. 人类　　　　C. 数据　　　　D. 程序
2. 下列哪项不是AIGC技术可以生成的内容类型？
   A. 文本　　　　B. 图像　　　　C. 音频　　　　D. 硬件
3. 以下哪个事件不是AIGC技术发展的重要阶段？
   A. 图灵测试的提出　　　　　　B. 依利亚克组曲的创作
   C. ELIZA程序的开发　　　　　D. 微软Windows 98的发布
4. GAN技术的全称是？
   A. generative adversarial networks　　　B. graphical artificial neural networks
   C. global automated numerical networks　D. generalized artificial neural dynamics
5. 下列哪项不是VAE的组成部分？
   A. 编码器　　　B. 解码器　　　C. 生成器　　　D. 判别器
6. Transformer模型主要采用了什么机制来提升性能？
   A. 卷积机制　　B. 循环机制　　C. 注意力机制　D. 随机森林机制
7. DALL-E模型主要用于什么领域？
   A. 图像分类　　　　　　　　　B. 文本到图像的生成
   C. 语音识别　　　　　　　　　D. 视频生成
8. 下列哪项不是AIGC技术的应用领域？
   A. 新闻与媒体　B. 文学与艺术　C. 客户服务　　D. 航空航天
9. AIGC技术在教育领域中的应用不包括以下哪项？
   A. 个性化学习材料开发　　　　B. 虚拟手术训练系统
   C. 传统课堂教学　　　　　　　D. 智能客服服务
10. AIGC技术对经济产生的影响不包括以下哪项？

A. 提高生产效率　　　　　　B. 催生新的商业模式
C. 降低就业率　　　　　　　D. 推动相关产业发展

二、问答题（每题10分，共30分）

1. 简述AIGC技术的三个主要应用领域，并举例说明。
2. 解释生成对抗网络（GAN）的工作原理，并说明它在AIGC技术中的应用。
3. 讨论AIGC技术在社会和文化方面可能带来的影响。

三、案例分析题（每题25分，共50分）

1. 分析微软"小冰"在文学创作领域的应用，并讨论其对传统文学创作的影响。
2. 以DALL-E 2或Stable Diffusion为例，分析AIGC技术在图像生成领域的应用，并探讨其对未来艺术创作的影响。

单元二

驭文生文：文本类应用

情境导入

随着数字化时代的蓬勃发展，文字不仅仅是知识的传播者，连接着历史与未来，更具有跨越时代的力量，而AIGC技术正是这种力量的最新体现。

想象一下，如果你是一位新闻编辑，面对海量信息，如何迅速创作出高质量的稿件？或者你是一位作家，寻求突破写作的瓶颈，如何探索全新的叙事方式？又或者你是一名学生，需要撰写论文，苦于资料的搜集和整理，更苦于毫无头绪。AIGC技术的问世，能够根据简单指令生成新闻稿、小说、报告甚至学术论文，大幅提升工作效率，同时激发创作灵感。

在本单元中，我们将深入探讨AIGC文本生成技术的基础原理，包括自然语言处理、深度学习、预训练语言模型等原理与应用，学习如何驾驭这项技术，使其成为创作和工作中的得力助手；同时，我们也将一起认识国内外主流AIGC文本生成工具，如OpenAI开发的ChatGPT、百度的文心一言、阿里云的通义千问、科大讯飞的讯飞星火等；我们也会详细介绍AIGC在新闻媒体、论文撰写、公文写作、娱乐等不同行业领域的应用，并且拆解实际操作AIGC工具的步骤及技巧，从输入关键词到调整参数，从选择风格到优化文本；我们还将探讨如何利用AIGC技术提升创意写作能力，创作出独特且引人入胜的作品。

通过本单元的学习，不仅能够掌握AIGC文本生成技术的核心知识和技能，还能将这些知识应用于实际工作学习中，提高效率、激发灵感，用AIGC技术开启一段全新的创意写作之旅，书写未来的篇章。

学习目标

1. 知识目标

- 掌握核心概念：全面理解AIGC文本生成技术的基本概念、工作原理及其核心技术原理，包括但不限于自然语言处理（NLP）、深度学习、预训练语言模型、Transformer架构等。
- 洞察应用领域：深入探索文本生成技术在新闻媒体、内容创作、客户服务、教育、娱乐等多个领域的应用案例，理解其在实际工作中的应用价值和作用。

- 熟悉工具特性：详细了解并掌握国内外主流文本生成工具（如百度的文心一言、阿里云的通义千问、科大讯飞的讯飞星火等）的功能特性和操作方法，以及它们在文本生成和编辑中的独特优势。

2. 技能目标
- 文本生成与编辑：通过实践操作，熟练运用AI工具进行文本生成和编辑，掌握从输入关键词到调整参数、选择风格、优化文本等一系列技能。
- 提升创意写作能力：利用文本生成技术，提升个人在创意写作领域的设计能力，根据不同需求和场景，创作出具有独特性和吸引力的文本作品。
- 跨工具协同应用：学会将不同的文本生成工具有效结合，提高文本生成和编辑的效率与质量，灵活运用这些工具解决实际问题。

3. 素质目标
- 培养创新思维：在文本生成与编辑的学习过程中，培养创新思维，鼓励学习者大胆尝试和创新，不断追求作品的艺术性和创意性。
- 团队协作精神：通过团队项目实践，加强学习者的团队合作意识和协作能力，通过协作完成任务，提升团队的整体工作效率和作品质量。
- 问题解决技巧：面对文本生成与编辑过程中的挑战，培养学习者的问题解决能力，学会分析问题、寻找解决方案，并不断优化和完善作品。

知识链接

在当今智能科技飞速发展的时代，AIGC文本生成技术犹如一颗璀璨新星，在自然语言处理与人工智能的浩瀚星空中熠熠生辉。下面，我们将深入了解到AIGC文本生成技术如何凭借大数据分析的力量以及自然语言处理精准解析等能力，从浩瀚无垠的文本海洋中汲取语言的智慧，学习其规则、捕捉其模式、领悟其风格，同时在新闻报道、文学创作、客户服务、教育辅导等多个领域开辟广阔的应用前景。

一、文本生成技术概述

1. 文本生成技术的定义

人工智能文本生成是使用人工智能算法和模型来生成模仿人类书写内容的文本。它涉及在现有文本的大型数据集上训练机器学习模型，以生成在风格、语气和内容上与输入数据相似的新文本。

2. 核心技术原理

AIGC文本生成的核心技术原理主要包括以下几个方面：

（1）自然语言处理

自然语言处理是人工智能的一个重要分支，涉及机器对人类语言的理解和生成。NLP技术的核心在于解析和生成自然语言，使机器能够处理、理解和生成类似人类的文本。

（2）深度学习（deep learning）

深度学习，尤其是神经网络（neural networks）在AIGC文本生成中起到了至关重要的作用。深度学习模型，如RNN（循环神经网络）和LSTM（长短期记忆网络）处理序列数据，适用于自然语言的生成任务。

（3）预训练语言模型

预训练语言模型是近年来文本生成技术的突破性进展。以下是几种主要的预训练语言模型：

GPT（生成式预训练变换模型）：GPT系列模型由OpenAI开发，采用Transformer架构，通过大规模文本数据预训练来生成高质量的文本。

BERT（双向编码器表示）：BERT是一种重要的预训练模型，虽然主要用于理解任务（如问答、文本分类），但其双向编码能力也为文本生成提供了有价值的语义理解。

T5（文本到文本转换器）：T5模型通过将所有NLP任务统一为文本到文本的形式，实现了多种任务的生成和转换。

Transformer架构：Transformer是当前最先进的深度学习架构之一，主要通过自注意力机制（self-attention）来捕捉序列数据中的长程依赖关系。Transformer在处理大规模数据和生成长文本时表现出色，是GPT、BERT等模型的基础。

自回归生成（autoregressive generation）：自回归生成方法在文本生成中非常重要。像GPT这样的模型通过逐词（或逐字符）生成文本，每一步生成的内容都基于前一步的输出，确保生成的文本具有连贯性和一致性。

（4）大规模数据训练

AIGC文本生成模型依赖于大规模的语料库进行训练。模型通过在大量文本数据上的预训练学习语言的结构和规律，从而具备生成高质量文本的能力。

（5）微调（fine-tuning）

预训练模型在特定任务上的表现可以通过微调来提升。微调过程中，模型在特定领域或任务的较小数据集上进行再训练，使其更适合具体应用，如新闻生成、对话系统等。

总体来说，AIGC文本生成的核心技术原理是基于深度学习和预训练语言模型，通过自然语言处理技术和Transformer架构，在大规模数据上进行训练和微调，实现高质量的文本生成。

二、文本生成工具介绍

随着人工智能技术的迅猛发展，AIGC文本生成工具在各行各业中发挥着越来越重要的作用。这些工具不仅极大地提升了文本生产的效率，同时也保障了文本内容的高质量，适用于写作辅助、内容创作等多种场景。

中国的人工智能技术近年来取得了显著的进步，特别是在AIGC文本生成领域，涌现出了众多优秀的工具和平台。这些工具广泛应用于内容创作、智能写作、文案生成等多个领域。以下是国内外一些主要的AIGC文本生成工具及其功能的详细介绍。

1. 国内文本生成工具介绍

（1）文心一言

文心一言作为百度研发的一款基于ERNIE预训练模型的自然语言处理和文本生成工具（见图2.1），自推出以来便受到了广泛关注。其背后的ERNIE模型，通过海量的文本数据预训练，赋予文心一言强大的自然语言理解和生成能力。

在文章创作方面，文心一言展现出了卓越的实力。无论是撰写完整的文章、故事，还是对已有文章进行续写，它都能轻松应对，为创作者提供了极大的便利，显著提高了写作效率。此外，其对话系统也非常出色，能够创建出智能的对话和客服系统，为用户提供流畅、自然的交互体验，从而大大提升用户满意度。

图2.1　百度文心一言Logo

除了上述功能外，文心一言还具备出色的文本摘要能力。面对冗长的文档，它能够快速提取核心信息，生成简洁明了的摘要，极大地提高了用户的阅读效率。

（2）通义千问

阿里云的通义千问则是一款融合了多模态信息的大模型（见图2.2）。它不仅支持文本生成，还能进行多轮交互、文案创作以及逻辑推理，且支持多种语言。这一工具的亮点在于其结合了文本、图像等多种模态信息，使得它能够更全面地理解用户的意图，并提供更为精准的生成结果。

图2.2 阿里云通义千问Logo

在文本生成方面，通义千问提供了多样化的功能，包括但不限于文章创作、写作辅助等。同时，其对话生成功能也非常强大，可广泛应用于客户服务、在线咨询等场景，为用户提供智能、高效的交互体验。

值得一提的是，通义千问还拥有多模态生成能力。它可以根据用户的文字描述生成相应的图片，或者根据图片生成描述性的文本，这一功能大大丰富了内容创作的形式和可能性。

（3）讯飞星火

科大讯飞推出的讯飞星火认知大模型（见图2.3），能够完成多风格、多语言、多任务的长文本生成，展现出了极高的灵活性和适应性。

图2.3 科大讯飞讯飞星火logo

讯飞星火在文本生成方面同样表现出色。无论是商业文案、新闻通稿，还是其他类型的内容创作，它都能轻松应对，满足不同场景下的内容创作需求。同时，其智能对话功能也非常强大，能够为用户提供日常生活、工作、医疗、历史等方面的知识和建议，成为用户不可或缺的学习助手和生活伴侣。

除此之外，讯飞星火还具备出色的翻译和纠错能力。它支持多语言翻译，并能对英文文案进行语法检测和纠错，极大地提升了跨语言交流的效率。更令人惊喜的是，它还拥有代码能力，能够智能生成代码建议、精准定位错误并支持代码修改，为开发者提供了强有力的辅助。

（4）智谱清言

智谱清言是北京智谱华章科技有限公司推出的一款重要的人工智能产品（见图2.4），其企业背景深厚，技术实力强大。公司由来自清华大学知识工程实验室（KEG）的资深团队创立，该团队在人工智能领域拥有深厚的学术积淀和丰富的研发经验，为智谱清言提供了坚实的技术基础和创新动力。智谱清言的研发团队充分利用了清华大学的学术资源，并结合了最前沿的人工智能技术，致力于为用户打造一款高效、便捷的AI助手。

图2.4 智谱华章智谱清言Logo

智谱清言能回答涵盖多个领域的问题，为用户提供准确且及时的信息与解决方案。支持多轮对话，无论用户提出什么问题，智谱清言都能以自然、流畅的方式进行回应，为用户提供优质的沟通体验。

同时，智谱清言也是创意写作和编程开发的好帮手。它能为用户提供灵感和高质量的文案，有效提升写作效率和质量。对于编程问题，智谱清言能给出专业的解答和建议，甚至能使用多种编程语言进行简单的开发和调试。

（5）Kimi

月之暗面科技推出的Kimi（见图2.5），是一款专为高精度、高效率人机交互设计的高端AI助手。其设计理念源于对现

图2.5 月之暗面Kimi Logo

代信息处理和知识获取的高效性需求,以及对于自然语言处理技术的深入研究。

在技术层面,Kimi展现了卓越的自然语言处理能力。它能够精准地解析和理解用户的语义,无论是简洁的查询还是复杂的叙述,Kimi都能迅速捕捉核心信息,给出准确、有用的回应。这种能力主要得益于其背后先进的深度学习和自然语言处理算法。

Kimi不仅支持流畅的中英文对话,更能提供安全、准确的信息反馈。其多语言处理能力使得它能够在跨文化、跨语言的背景下为用户提供服务,极大地拓宽了其应用范围。

除此之外,Kimi还具备出色的文件阅读能力,可以无缝解析和处理多种格式的文件,包括但不限于TXT、PDF、Word、PPT和Excel等。这一功能使得用户能够直接从各类文档中获取信息,无须进行烦琐的格式转换或数据录入。

总的来说,Kimi作为一款高端AI助手,不仅具备出色的自然语言处理和文件阅读能力,还提供了多语言对话、智能搜索以及个性化服务等先进功能。这些特点使得Kimi在现代信息处理领域中具有显著的优势,为用户提供了更为高效、便捷的语音交互体验。

国内的AIGC文本生成工具在技术上已经趋于成熟,广泛应用于新闻写作、内容创作、智能客服等多个领域。这些工具不仅能够提高工作效率,还能生成高质量的文本内容,为用户带来便捷高效的文本生成体验。部分国内文本生成工具见表2.1。

表2.1 部分国内文本生成工具对照

工具名称	开发公司	优势与特点	主要功能	推荐使用场景
文心一言	百度	知识增强 多模态生成能力 中文领域领先	文学创作、商业文案、数理逻辑推算、多模态生成	创意写作、广告创作、教育、企业内部文档
通义千问	阿里云	中英文综合能力 复杂指令理解 代码能力	文本生成、对话生成、多模态生成、代码生成	客户服务、技术文档、编程辅助、学术研究
讯飞星火	科大讯飞	语音交互 多语种支持 个性化定制	语音识别、合成、多模态理解、虚拟人视频	语言学习、翻译服务、客户服务、教育
智谱清言	华章科技	中英双语对话 监督微调技术	通用问答、多轮对话、虚拟对话、创意写作	日常咨询、多语言翻译、创意写作辅助
Kimi	月之暗面	个性化服务 多语言对话 文件阅读	多语言对话、文件阅读、搜索能力、个性化服务	个性化问答、语言学习、文件信息获取

2. 国外文本生成工具介绍

(1) ChatGPT

由OpenAI开发的语言模型(见图2.6),在文本生成领域堪称翘楚。其背后的技术实力不容小觑,拥有惊人的1 750亿个参数,经过对海量数据的深度训练,使得它能够生成自然、连贯的文本。ChatGPT不仅仅局限于简单的文本生成,它更像是一个智能的文本伙伴,能够充分理解上下文,并提供富有逻辑和充满创意的回应。

图2.6 OpenAI Chat GPT logo

在内容创作领域,ChatGPT展现了其强大的实力。无论是科技、文化还是生活娱乐领域,它都能轻松应对,生成各种类型的文章、博客和故事。其对话生成功能也让人印象深刻,能够创建出逼真的对话系统,为聊天机器人、智能客服等应用提供了强大的支持。此外,ChatGPT在翻译和自动总结方面也表现出色，能够快速准确地将文本从一种语言翻译成另一种语言，或者精准提取文本的核心信息，极大地提升了内容处理的效率。

（2）Transformers

Transformers是Hugging Face推出的一款开源自然语言处理库（见图2.7），它集成了众多先进的预训练模型，如GPT-2、BERT、T5等。这些模型均基于强大的Transformer架构构建，赋予了该工具出色的文本表示和生成能力。

图2.7　Hugging Face Transformers logo

利用Transformers库用户可以轻松生成高质量的文本内容。无论是写作、翻译还是问答，它都能提供可靠的支持。更值得一提的是，Transformers提供了便捷的API和详尽的文档，使得开发者能够轻松集成和使用这些先进的模型，进一步推动了自然语言处理技术的发展和应用。

在文本分类任务中，Transformers同样表现优异。它能够进行情感分析、主题分类等操作，帮助用户迅速把握文本的内容和意图。同时，该工具还支持多语言处理，能够满足全球不同用户的需求，进一步拓宽了其应用范围。

（3）Copy.ai

Copy.ai是一款专为营销和内容创作而设计的AI写作助手（见图2.8）。它依托于先进的自然语言生成技术，能够迅速产出高质量的广告文案、博客文章以及社交媒体内容。这款工具的高效性和实用性得到了广大用户的认可，它不仅能为用户节省大量的时间和精力，同时还能确保内容的质量和吸引力。

图2.8　Copy.ai logo

在广告文案的生成方面，Copy.ai展现了其独特的优势。用户只需提供关键词和具体的要求，它便能迅速生成多种风格的广告文案，包括幽默、正式、感性等，丰富多样。这些文案语言流畅、充满创意，能够有效吸引目标受众的注意力，提升广告的转化效果。此外，Copy.ai在博客文章创作和社交媒体内容生成方面也有着出色的表现，助力用户轻松打造出有吸引力的内容。

（4）Jasper

Jasper是一款备受推崇的AI写作工具（见图2.9）。它专注于内容营销和写作辅助领域，利用先进的自然语言处理技术为用户生成符合搜索引擎优化（SEO）要求的各类内容，如博客文章、电子邮件以及社交媒体帖子等。Jasper的智能化和个性化服务是其核心优势之一，它能够根据用户的需求和喜好生成定制化的内容，满足用户的个性化需求。

图2.9　Jasper logo

在博客和文章的生成方面，Jasper展现了卓越的性能。用户只需提供关键词和主题，它便能生成结构化的博客文章和长篇内容。这些内容不仅观点鲜明、内容丰富，还具备良好的可读性和分享性，有助于提升用户的影响力和传播效果。此外，Jasper还支持社交媒体帖子生成和SEO优化内容创作等功能，为用户提供了全方位的内容创作支持。

（5）Writesonic

Writesonic作为一款高效的AI写作助手（见图2.10），专注于为用户提供高质量的营销内容和文案。它集成了先进的自然语言生成技术和丰富的营销知识库，能够为用户提供个性化的内容创作服务。无论

图2.10　Writesonic logo

是广告文案、博客文章还是产品描述，Writesonic都能迅速响应并生成符合要求的内容。

在文案生成方面，Writesonic表现出色。用户只需提供关键词和具体的要求，它便能快速生成具有吸引力和感染力的广告文案和产品描述。这些文案语言生动、富有创意，能够有效地传达产品的特点和优势，提升用户的购买意愿。此外，Writesonic还支持博客创作和电子邮件生成等功能，帮助用户轻松打造出有深度的内容，提升用户的品牌形象和影响力。

（6）Rytr

Rytr是一款用户友好的AI写作工具（见图2.11），它提供了丰富的模板和生成选项，使内容创作变得简单而高效。无论是博客写作、广告文案创作还是电子邮件撰写，Rytr都能为用户提供个性化的内容生成服务，满足用户的不同需求。

图2.11　Rytr logo

在博客写作方面，Rytr的功能尤为强大。用户只需提供关键词和主题，它便能生成结构清晰、内容丰富的博客文章。同时，Rytr还提供了多种内容框架和模板供用户选择，帮助用户快速构建文章结构和内容，提升写作效率。在广告文案和电子邮件生成方面，Rytr同样表现出色，能够迅速创建出具有吸引力和感染力的内容，助力用户实现营销目标。

任务实施

随着人工智能技术的飞速发展，AIGC已经成为教育、科研、媒体等多个领域的新宠。AIGC文本生成与编辑技术，是指利用人工智能算法自动生成或编辑文本内容的技术。这项技术不仅能够提高文本创作的效率，还能在一定程度上保证文本的质量，提供一个全新的学习和创作平台。

本次任务将深入了解AIGC文本生成与编辑的基本原理、关键技术及其在实际应用中的重要性。通过丰富的案例分析和实践操作，掌握如何使用AIGC技术生成和编辑文本，从而提升创新能力和实践技能。

任务一　通用文案——文心一言

1. 设计要求

通用文案指可以广泛应用于不同场合、不同媒体平台的文本内容，它们通常需要具备较强的适应性和吸引力，以满足广泛的传播和营销需求。

首先，明确文案将要发布的平台和目标受众，确定文案的主要目的，提炼出文案中需要突出的关键信息点，再根据目标受众的偏好设定文案的基调，最后考虑搜索引擎优化的要素，确保文案包含相关的关键词。

接下来，我们以小红书的宣传文案为例，讲解通用文案的生成和注意事项。

2. 设计过程

步骤1： 在浏览器中搜索"百度一下"，打开百度搜索页面（见图2.12）。

图2.12　搜索"百度一下"

步骤2： 在百度的搜索框中输入"文心一言"，单击右侧的"百度一下"（见图2.13），在打开的页面中注册登录账号（见图2.14），进入文心一言首页（见图2.15）。

图2.13　搜索"文心一言"

图2.14　文心一言注册登录界面

图2.15　文心一言首页

步骤3： 在文心一言的文本框中输入小红书宣传文案的生成指令（见图2.16）。

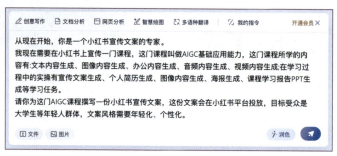

图2.16　文心一言文本框

指令说明：

沟通的指令越准确详尽，越能够获得需求的内容，当指令没有给出具体条件或模糊不清时，模型可能无法准确理解用户的真实意图，导致执行结果出现偏差或完全错误。模糊指令很有可能导致模型需要进行额外的计算和尝试并执行指令，这会消耗更多的计算资源，导致处理速度降低，而用户如果得不到预期的结果，或者等待时间过长，他们的满意度和信任度就会下降。在模型学习场景中，模糊的指令会使算法难以学习到有效的策略，因为算法无法准确判断哪些行为是正确的，哪些是错误的，这会影响模型的训练效率和准确性。

当我们谈论"优秀的指令"时，实际上是在强调指令的明确性、具体性和针对性，模型才能够准确理解并回应用户提出的需求，这意味着指令中的语言应该直接、简练，避免使用模糊或含糊不清的措辞。每一个步骤和要求都应该被详细阐述，以便模型能够无误地解读并执行。根据一条优秀的指令应该具备的性质，可以将其总结形成一个基本格式（见图2.17）。

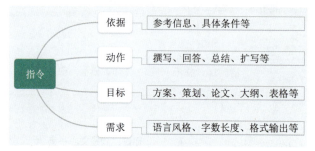

图2.17　指令基本格式

优秀的指令是确保模型能够准确、高效地执行任务的关键。在构建指令时，可以将指令拆解为依据、动作、目标、需求四个元素。

依据作为任务的前提条件和参考背景，为指令提供合理性，例如可以设定对话环境、提供报告、知识、数据库、对话上下文等。

动作决定了模型具体执行的操作，是实现目标的关键步骤，比如撰写、回答、总结等。

目标是用户预期达成的结果，为模型的动作指令提供方向，比如方案、策划、论文、图表等。

需求则反映了任务的实际需要，以及细节的要求，比如可以要求模型按照指定的格式输出，或者不同的语言风格、篇幅的长度等等。

这些元素按照用户的任务目标进行逻辑组织，丰富更多细节需求，就能够形成清晰、完整的指令。

根据撰写小红书宣传文案的需求，结合构建指令的基本格式，我们可以得到以下指令：

##给AI设定对话环境

从现在开始，你是一个小红书宣传文案的专家。

##给出指令的依据

我现在需要在小红书上宣传一门课程，这门课程叫作AIGC基础应用能力，这门课程所学的内容有：文本内容生成、图像内容生成、办公内容生成、音频内容生成、视频内容生成；在学习过程中的实操有宣传文案生成、个人简历生成、图像内容生成、海报生成、课程学习报告PPT生成等学习任务。

##给出指令的动作、目标和需求

请你为这门AIGC课程撰写一份小红书宣传文案，这份文案会在小红书平台投放，目标受众是大学生等年轻人群体，文案风格需要年轻化、个性化。

步骤4：单击纸飞机图标发出指令，此时AI根据发出的指令，自动生成文案内容（见图2.18）。

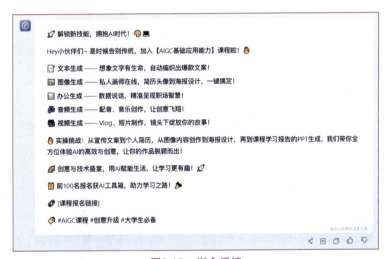

图2.18　指令反馈

步骤5：根据生成的内容，反馈修改意见（见图2.19），让AI更加理解我们的想法。

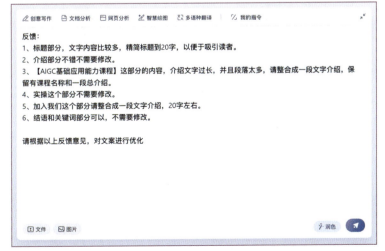

图2.19　反馈意见

步骤6: 此时AI会根据修改意见，进行优化。优化前后的结果对比如图2.20所示。

图2.20　优化前后对比

步骤7: 多模态生成式AI工具还可以解读不同格式文件的功能，所以我们还可以提供PDF、Word文档、Excel表格等不同格式的内容作为参考文本（见图2.21）。

图2.21　添加文件界面

3. 设计练习

请使用AIGC结合个人兴趣或推荐的旅游目的地，撰写一篇详尽的"五天四夜"旅游攻略。具体要求如下：

原创性与个性化：确保攻略内容基于AIGC工具生成后，进行适当的个性化修改和创新，避免完全复制粘贴。

实用性：攻略应具有高度的可操作性，为读者提供切实可行的旅行建议。

完整性：确保所有必要信息均已包含，逻辑清晰，结构完整。

AIGC技巧应用：突出展示在使用AIGC工具过程中的技巧和创新，如关键词提炼、行程规划、住宿推荐、交通指南生成、预算分析、注意事项整合等。

格式规范：以Word文档形式呈现，标题清晰，段落分明，适当使用图片、地图或图表辅助说明。

任务二 常用公文——讯飞公文

1. 设计要求

常用公文指的是在日常办公和行政管理中频繁使用的正式文件，它们具有固定的格式、特定的用途和规范的语言表达。比如：报告、通知、会议纪要等等。

对于常用公文，首先要明确公文的类型与用途，以及受众对象，确立公文的核心意图，提炼公文中的关键信息点，确保内容准确无误；依据公文的正式性与庄重性，设定恰当的语言基调，避免口语化表达；遵循公文写作规范，确保格式严谨，同时，在不影响正式性的前提下，可适当考虑信息的清晰呈现，便于接收者快速捕捉要点。

接下来，我们以调研报告为例，进行常用公文的生成讲解和注意事项。

2. 设计过程

步骤1: 在浏览器中搜索"百度一下"，打开百度搜索页面输入"讯飞公文"，单击"百度一下"（见图2.22）。

图2.22 搜索"讯飞公文"

步骤2: 单击讯飞公文进入官网（见图2.23），注册登录账号（见图2.24），进入工作台界面（见图2.25）。

图2.23 讯飞公文官网

图2.24 讯飞公文注册登录界面

图2.25　讯飞公文工作台界面

步骤3：在讯飞公文的工作台界面，选择新建文稿中的"调研报告"（见图2.26）。

图2.26　选择"调研报告"

步骤4：在"基础信息"页面（见图2.27），选择"调研报告"和"问题分析型"，输入标题后单击"下一步"按钮。

图2.27　"基础信息"页面

参考标题：

短视频领域就业岗位调研报告

注意：此处的标题用户可以根据自身的专业或者内容的需要，自行设置。

步骤 5：进入"要素信息"页面（见图2.28），调研报告中所需要的关键信息拆解为必填内容，输入调研缘由、研究意义、对策建议后，单击"下一步"按钮。也可以单击页面，在页面右上方浮出"AI帮填"按钮，单击后将自动填写内容。

图2.28 "要素信息"页面

参考文字内容：

调研缘由：

基于对当前行业、市场或特定领域的深入调研和分析，旨在揭示该领域内的新趋势、就业机会、岗位分布、薪资水平等关键研究信息。

研究意义：

短视频领域的就业岗位面临快速变化的挑战，包括技术更新迅速、内容创新需求高、市场竞争日益激烈以及监管政策的不确定性。这些因素共同影响着岗位的稳定性和发展前景，要求从业者不断适应新环境，提升个人技能和创新能力。

对策建议：

在短视频就业岗位调研报告中，研究者会针对短视频行业的现状、发展趋势、岗位需求、技能要求等方面进行深入探讨，报告可能包括以下几个方面的内容：

- 行业背景分析：介绍短视频行业的兴起、发展历程、市场规模、竞争格局等基本情况。
- 岗位需求调研：通过问卷调查、访谈等方式，收集短视频行业内各类岗位的招聘信息、岗位要求、薪资水平等数据，并进行统计和分析。
- 岗位分布与特点：分析短视频行业内不同岗位的分布情况，如内容创作、运营策划、编导剪辑、主播达人等，并探讨这些岗位的特点、职责和发展前景。
- 技能与素质要求：总结短视频行业对从业人员的技能和素质要求，如创意能力、技术能力、沟通能力、团队协作能力等。

注意：此处的信息可以在前期通过从不同的信息来源收集，例如新闻报道、学术论文、行业报告、社交媒体等。丰富的信息来源可以帮助AIGC工具生成更加全面和准确的内容，并且此处提供了AI助手，可以直接输入调研缘由后，使用AI助手辅助生成对应的研究意义和对策建议。

步骤6： 进入"补充信息"页面（见图2.29），如果对于调研报告有其他的一些补充信息可以在该页面补充，如果没有可以直接单击"生成大纲"按钮，也支持AI一键生成补充信息。

图2.29 "补充信息"页面

步骤7： 进入"生成大纲"页面（见图2.30），AI可以自动生成大纲目录，在此基础上，还可以选择重新生成或手动进行大纲的部分修订，修订完成后可单击"生成正文"按钮。

图2.30 "生成大纲"页面

单元二 驭文生文：文本类应用

步骤 8： 正文生成后（见图2.31），如不满意本次生成内容，可单击下方的"重新生成"按钮；或者正文内容需要在基础框架进行修改，可以单击右边基础信息页面中的"编辑信息"按钮。

图2.31　正文生成界面

步骤 9： 在右边基础信息页面底部单击"编辑信息"按钮，将弹出对话框可进行基础信息修改（见图2.32）。

图2.32　重新修订基础信息界面

步骤 10： 修订完成后，单击"下一步"按钮，至"生成大纲"，确认无误后选择"生成全文"（见图2.33）。

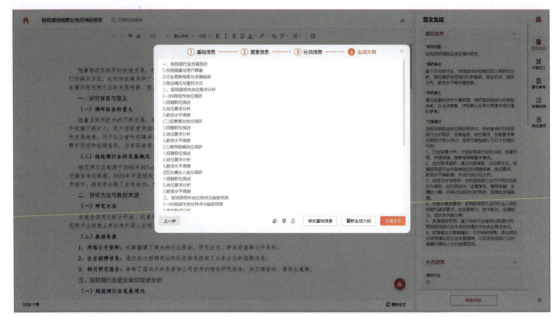

图2.33 重新生成正文界面

3. 设计练习

请使用AIGC撰写一份关于"世界读书日"分享会邀请函。通过这一过程，加深对AIGC技术在实际应用场景中的理解和运用能力，同时提升文案撰写技巧。具体要求如下：

主题明确：邀请函需围绕"世界读书日"这一特定主题，邀请对象为同学及老师，活动内容为"读书分享会"。

格式规范：确保邀请函格式规范，包括标题、称谓、正文、结束语、落款等要素。

AIGC技术应用：在保持内容原创性和符合邀请函格式要求的前提下，探索如何通过AI技术优化语言表达，增加邀请函的吸引力和个性化。

任务三　项目方案——通义千问

1. 设计要求

项目方案是为实现特定目标或完成特定任务而制订的详细计划和行动指南。它包含了项目的目标、任务、方法、步骤、资源、时间安排等要素，是项目实施和管理的重要依据，常常用于指导设计、开发、测试、推广等各个环节，帮助项目团队明确项目的目标，并制订实现目标的计划。

撰写项目方案首先需要明确项目目标，任务细分至可执行层面；步骤详尽，确保操作规范；风险可控，预防应对并举。构建流程始于明确目标，继以工作分解细化任务，再规划详细阶段步骤，并全面评估资源需求。撰写项目方案时，将我们已经整理好的项目方案的大纲提供给AI，作为撰写方案的重要依据。

接下来我们以校园文艺晚会活动方案为例，讲解项目方案的生成和注意事项。

2. 设计过程

步骤1： 收集并整理信息。

收集校园文艺晚会活动策划方案的相关信息，并整理出简单的项目内容，包括项目目标

（给出项目需要达到的目的或效益）、项目信息（给出项目所需要的相关信息，比如：人员分配、工作内容、资金预算、完成时间等等）等。整理后的文字参考信息如下：

项目目的：

本次校园文艺晚会活动是由宣传部牵头，策划部、文艺部、组织部、办公室和学生会一起策划，为丰富学生的文化活动，培养多元兴趣与能力，让校园洋溢着青春活力与浓厚文化氛围，也提供了一个交流机会，让学生能够结识志同道合的朋友，共同编织多彩的青春记忆。

项目信息：

- 活动总人数：整个学校全部学院师生成员，共计2 500人，其中领导、嘉宾、教师360人，学生1 780人，表演人员140人，工作人员220人。
- 主要负责部门及负责内容：宣传部10人、记者站6人、培训部4人、办公室3人、策划部6人、文艺部8人、组织部20人；其中活动的宣传和布置会场由宣传部和文艺部负责、食品工具的采购由培训部负责、游戏的准备由办公室负责、现场协助由策划部负责、现场拍摄由记者站负责、节目的安排由文艺部前期审核和活动当天的节目彩排、现场纪律及卫生由组织部负责。
- 活动时间：2024年11月23日19：00—22：00，共计3小时。
- 活动节目包含：2个发言、5个舞蹈节目、3个歌曲演唱节目、1个小品、1个才艺表演、1个寄语视频。
- 活动预算：50 000元。
- 活动地点：综合楼201表演厅。

步骤2： 在浏览器中搜索"百度一下"，打开百度搜索页面（见图2.34）。

图2.34 搜索"百度一下"

步骤3： 在百度的搜索框中输入"通义千问"（见图2.35），注册并登录账号（见图2.36）进入首页。

步骤4： 在底部的对话框中输入步骤1整理好的信息内容和生成指令（见图2.37）。

步骤5： AI根据生成指令，即可生成一份方案策划初稿（见图2.38），此时方案还不能直接使用，还需要对方案进行优化。

图2.35 搜索通义千问

图2.36 注册登录界面

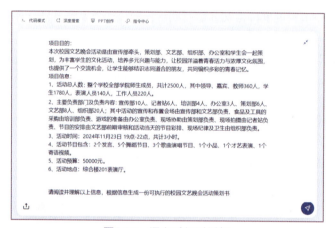

图2.37 通义千问对话框

图2.38 策划初稿

步骤6: 综合项目多方需求,对方案进行优化,让AI更加了解该方案的制定思路,生成更优秀的方案内容,可提供优化的参考意见(见图2.39)。

单元二　驭文生文：文本类应用

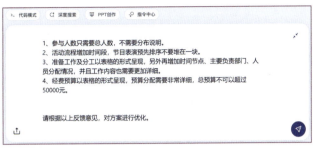

图2.39　参考意见

步骤 7：通过多轮的反馈和优化，就可以得到一份校园文艺晚会活动策划方案（见图2.40），但此时该份方案还只是文字形式，需要将文字内容复制到Word文档中，调节文字格式排版，补充相关信息，使其变成一份完整的活动方案（见图2.41）。

图2.40　优化后的结果

图2.41　活动策划方案

3. 设计练习

请使用AIGC撰写一份关于大学生创业项目的构建方案。通过这一过程，旨在加深对AIGC技术的认识，掌握其在项目方案撰写中的应用技巧。具体要求如下：

项目概述：利用AIGC技术生成产品或服务的详细描述，包括功能、特点、优势等；可以尝试使用AI生成创意，为产品或服务增添独特卖点。

营销策略：制定营销策略时，利用AIGC技术进行市场定位、目标客户分析、推广渠道选择等；可以尝试使用AI生成营销文案，提高文案的吸引力和转化率。

风险评估与应对：利用AIGC技术进行风险识别并分析项目可能面临的风险，如市场风险、技术风险、运营风险等；提出针对这些风险的应对策略和措施，利用AIGC技术进行策略优化和效果评估。

任务四　电子邮件——通义千问

1. 设计要求

电子邮件作为职场沟通的重要手段，撰写能力直接影响工作效率与职业形象。首先，明确邮件目的，直击要点，避免冗长。其次，精心设计邮件主题，吸引收件人注意。正文部分，逻辑清晰，条理分明，先简述背景，再详述请求或信息，最后礼貌结尾，展现专业素养。同时，注重语言简洁明了，避免行业术语的滥用，确保沟通无障碍。确保必要附件齐全，并清晰标注说明。利用AIGC辅助撰写，需要明确邮件格式和信息重点，确保生成的邮件内容逻辑清晰、传达准确。

接下来，我们以一些常用的商务邮件为例，讲解电子邮件的生成和注意事项。

2. 设计过程

步骤1： 在浏览器中搜索"百度一下"（见图2.42），打开百度搜索页面。

图2.42　搜索"百度一下"

步骤2： 在百度的搜索框中输入"通义千问"（见图2.43），进入通义千问的官网并登录账号。

图2.43　搜索"通义千问"

步骤3： 在底部的对话框，确定电子邮件类型，提供邮件的相关信息，给出生成指令，让AI生成一份合适的电子邮件内容。

比如，当我们需要向领导发送一份事假申请，可以向AI提供以下文字信息：商务邮件，由于家中有急事需要请假3天，帮我撰写一份事假申请邮件，简短，正式（见图2.44）。

图2.44 生成事假邮件内容

比如,当我们需要向用户发送广告文案,可以输入以下文字信息:营销邮件,国庆为了回馈新老用户将开启五折促销活动,帮我撰写一份国庆五折促销的宣传邮件,中等长度,有趣(见图2.45)。

图2.45 生成营销邮件内容

邮件生成指令的参考文字格式：电子邮件类型 ＋ 邮件的相关信息 ＋ 生成指令。指令说明见表2.2。

表2.2　邮件指令说明

电子邮件类型	邮件的相关信息	生成指令
营销邮件、商务邮件	输入你需要生成的邮件相关信息	生成：帮我撰写一份××××邮件 长度：简短、中等、超长 语气：正式、友好、专业、有趣、和善

步骤4： 复制该段文字到邮件中，并填入需要补充的信息和收件人信息，即可完成邮件内容的生成和发送（见图2.46）。

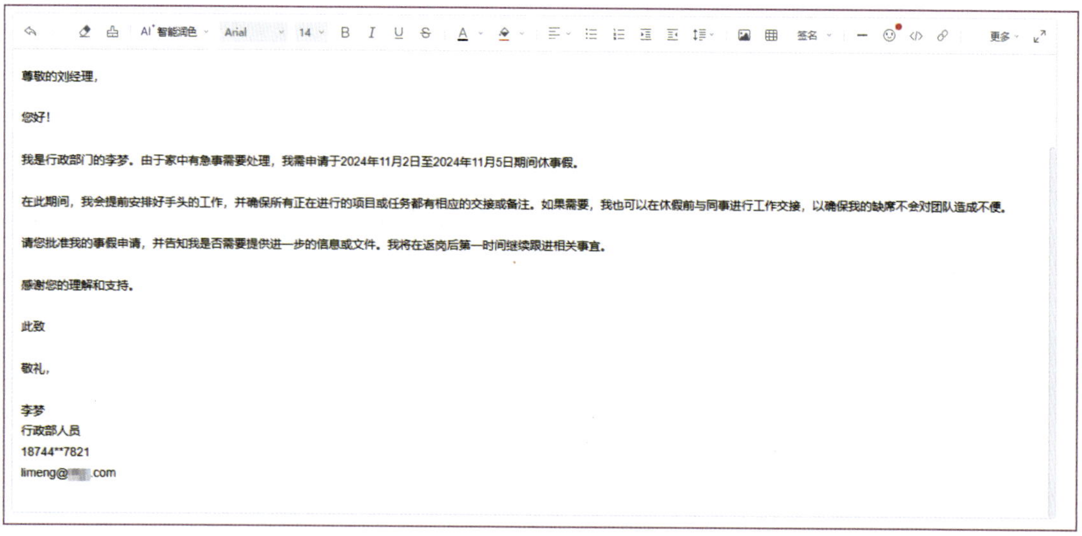

图2.46　邮件发送界面

3. 设计练习

请使用AIGC撰写一封求职邮件，向招聘方发送求职信、简历或询问面试结果。具体要求如下：

制作简历：利用AIGC工具，根据目标职位要求，自动生成一份简历模板。在保持简历格式专业、清晰的基础上，手动添加或调整个人信息、教育背景、实习经历、技能证书等关键内容，确保简历的真实性与针对性。

撰写求职信：利用AIGC结合个人经历、技能及目标职位要求，生成一份初步求职信。生成的求职信进行个性化修改，确保内容的流畅性与逻辑性，体现个人特色与对职位的热情。

编写邮件：假设已完成某次面试，利用AIGC起草一封礼貌且专业的邮件，用于询问面试结果；邮件中应包含对面试机会的感谢、对职位的热情重申以及对后续流程的期待。分析在撰写此类邮件时，如何保持语言的恰当性与积极性，同时避免过度依赖AI而失去个人情感表达。

任务五　新闻写作——腾讯元宝

1. 设计要求

新闻写作是迅速传递有价值事实的过程，需遵循客观、真实、及时、准确原则。从选题策划到信息采集，再到整理筛选与撰写初稿，每一步都需严谨对待。编辑修改确保无误后，经审核方可发布。

首先，确立新闻主题与关键词，明确新闻素材搜集方向，选择多元信息来源，以保证信息的全面性和可靠性。在搜集过程中，需快速阅读筛选，根据新闻价值、时效性和相关性进行初步判断。最后，对筛选后的信息进行分类整理，便于向AI传递准确的指令信息。

接下来我们以开学期间发生的活动为新闻素材，讲解新闻稿的生成和注意事项。

2. 设计过程

步骤1： 采集、整理。

收集新闻事件中的资料，如图像、视频、文字、文档等，并整理出一版简单的文字稿内容，只需要能简单描述出新闻事件的相关内容信息即可，整理后的文字参考信息如下：

2024年7月，新生入学，为帮助学生们更好地投入到新学期的学习中，学院携手多家爱心企业，为全校新生免费提供了一批学习用品，这些用品包括笔、纸和图书等，学习用品发放时间为新生开学第一节班会课。

院长在此次活动中也发表了讲话："衷心感谢这些爱心企业及社会各界的慷慨捐赠，为学生送去了宝贵的学习用品。这份爱心将激励学生们努力学习，追求梦想。我们将倍加珍惜，并努力为孩子们创造更好的学习条件。期待更多社会力量加入，共筑教育公平之梦。"

步骤2： 在浏览器中搜索"百度一下"（见图2.47），打开百度搜索页面。

图2.47　搜索"百度一下"

步骤3： 在百度的搜索框中输入"腾讯元宝"（见图2.48），注册登录账号（见图2.49），进入腾讯元宝工作界面主页（见图2.50）。

步骤4： 在底部的对话框中输入步骤1整理好的信息内容和生成指令（见图2.51）。

图2.48　搜索"腾讯元宝"

图2.49 腾讯元宝注册登录页面

图2.50 腾讯元宝工作台界面

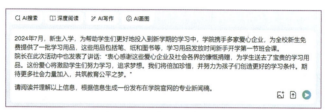

图2.51 腾讯元宝页面

步骤5: AI根据生成指令,即可生成一份新闻初稿(见图2.52),此时这份新闻稿还不能直接使用,我们还需要对新闻稿进行反馈优化。

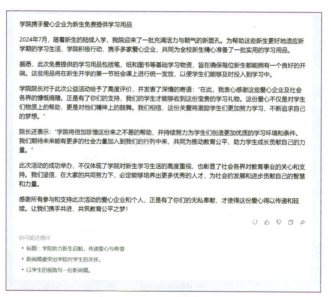

图2.52 新闻初稿

步骤6: 根据实际的情况和自己的想法,对新闻稿进行反馈,让AI生成更好的新闻稿。参考反馈意见如图2.53所示。

步骤7: 经过多轮修改和反馈,就可以得到一篇合格的新闻稿,复制文字内容到新闻发布平台的编辑框中,并增加图像、视频、logo、发布方信息,即可制作成一份完整的新闻稿(见图2.54)。

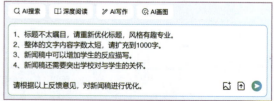

图2.53 反馈意见

元宝

《以爱之名，筑梦启航——学院联合爱心企业为新生献上“学习大礼包”》

2024 年 7 月，阳光洒满校园，青春的气息扑面而来。随着新生的入学，我院迎来了一群怀揣梦想、充满朝气的学子。为了让新生们能够顺利开启新学期的学习之旅，学院携手多家爱心企业，精心筹备了一场温馨而意义非凡的活动——为全校新生免费提供一批丰富实用的学习用品。

此次提供的学习用品涵盖了笔、纸、图书等多个种类，每一样物品都经过精心的挑选和准备。笔，是知识的传递者，书写着青春的篇章；纸，是思想的载体，记录着成长的轨迹；图书，则是智慧的宝库，引领着学子们探索未知的世界。

为了确保每一位新生都能及时领到这些学习用品，学院制定了详细的发放计划。发放时间定在新生开学的第一节班会课上，届时，各班班主任将组织学生有序领取。当新生们拿到这些学习用品时，他们的脸上露出了欣喜的笑容。

“哇，这支笔好漂亮啊！”一位新生兴奋地说道，“感谢学院和爱心企业为我们准备的礼物，我一定会好好珍惜，努力学习。”

“这些图书真的很实用，我很喜欢。”另一位新生翻阅着手中的书籍，眼中闪烁着求知的光芒。

不仅如此，学院还特意安排了一场温馨的欢迎仪式。在仪式上，院长发表了饱含深情的寄语：“亲爱的同学们，欢迎你们加入这个大家庭。我们深知，学习用品对于你们来说不仅仅是工具，更是你们追求梦想的助力。衷心感谢这些爱心企业及社会各界的慷慨捐赠，为学生送去了宝贵的学习用品。这份爱心将激励学生们努力学习，追求梦想。我们将倍加珍惜，并努力为孩子们创造更好的学习条件。期待更多社会力量加入，共筑教育公平之梦。”

院长的话语深深打动了在场的每一位新生，他们感受到了学院对他们的关爱和期望。

为了更好地了解新生们的需求，学院还组织了一次问卷调查。通过调查，学院了解到新生们对于学习用品的需求不仅限于笔、纸和图书，还包括一些文具盒、笔记本等物品。针对这些需求，学院及时调整了学习用品的采购计划，确保每一位新生都能得到他们所需的学习用品。

同时，学院还安排了志愿者为新生们提供帮助。这些志愿者们热情地为新生们讲解学习用品的使用方法，帮助他们整理学习用品，让他们感受到学院的温暖和关怀。

此外，学院还为新生们准备了一系列入学教育讲座。讲座内容涵盖了学习方法、心理健康、职业规划等多个方面，旨在帮助新生们尽快适应大学的学习和生活。

此次活动的成功举办，不仅得到了新生们的一致好评，也得到了社会各界的广泛赞誉。爱心企业纷纷表示，他们将继续关注和支持学院的发展，为教育事业贡献自己的力量。

在这个充满爱的校园里，新生们将带着这份关爱和期望，开启他们的大学之旅。相信在大家的共同努力下，他们一定能够实现自己的梦想，书写属于自己的精彩篇章！

图2.54　反馈后生成结果

3. 设计练习

请使用AIGC撰写一篇关于近期举办的“校园文化节文艺晚会”的新闻稿。新闻稿应全面反映晚会的亮点、特色、参与人员、精彩瞬间及活动意义等。具体要求如下：

AIGC工具应用：利用至少一种AIGC工具（如百度文心一言、腾讯元宝等）辅助撰写新闻稿。可以是在构思阶段获取灵感，也可以是在初稿完成后进行润色，但需注意保持内容的原创性和准确性，避免直接复制粘贴AI生成的内容而不加修改。

新闻稿结构：

标题：要求简洁明了，吸引眼球，能概括新闻主题。

导语：简要介绍晚会的时间、地点、主题及总体氛围，激发读者兴趣。

活动筹备：简述筹备过程、组织团队、筹备亮点等。

节目亮点：详细介绍几个具有代表性的节目，包括节目类型、表演者、创意亮点、现场反响等。

观众互动：描述观众参与情况，如互动环节、投票结果、现场气氛等。

嘉宾致辞/点评：如有嘉宾出席，需提及他们的致辞内容或点评亮点。

结语：总结晚会意义，如促进校园文化交流、展现学生风采、增强团队凝聚力等。

任务六　模拟面试——智谱清言

1. 设计要求

通过先进的AI技术，我们将构建一个高度仿真的面试环境，让求职者能够在接近真实的场景中，面对由AI扮演的面试官进行互动。

在模拟面试过程中，AI面试官将根据预设的岗位需求与评价标准，提出一系列专业且针对性的问题，涵盖个人背景、专业能力、工作经验、应变能力等多个方面。求职者需要像参加真实面试一样，认真准备并实时回答这些问题，展现自己的综合素质与潜力。

因为普通的AI是不具备个性化功能，所以在面试前我们需要对AI进行设置，打造一个具有面试功能的AI智能体。接下来，我们以面试智能体为案例，讲解模拟面试的生成和注意事项。

2. 设计过程

步骤1： 在浏览器中搜索"百度一下"，打开百度搜索页面（见图2.55）。

图2.55 搜索"百度一下"

步骤2： 在百度的搜索框中输入"智谱清言"（见图2.56），注册登录账号并进入工作台（见图2.57）。

步骤3： 在左侧的工具栏中选择"创建智能体"（见图2.58）。

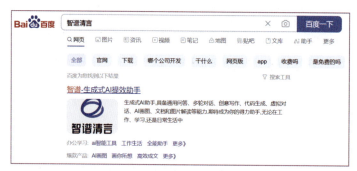

图2.56 搜索"智谱清言"

图2.57 注册登录界面

图2.58 智谱清言工作台界面

步骤4： 在弹出的智能体页面中（见图2.59），输入面试智能体的相关要求（赋予角色，赋予功能），输入完成后单击"生成配置"按钮。

单元二 驭文生文：文本类应用

参考输入文字：

你是一个面试专家

你可以通过智能提问、分析回答，帮助面试者练习面试技巧，提高就业概率。你的能力如下：

1. 面试准备：面试开始前需要面试者提交一份个人简历。
2. 阅读简历：阅读面试者的简历，了解面试者的基本信息，并让面试者做一个简单的自我介绍。
3. 自动提问：根据提供的简历，提问面试过程中可能会遇到的问题，一次提问一个问题，面试者回答后再继续下一个问题。
4. 限时回答：每次面试过程大约五分钟。
5. 互动交流：模拟真实面试场景，与候选人进行自然交流。
6. 面试评价：面试结束时，反馈面试者的面试情况，并给出建议。

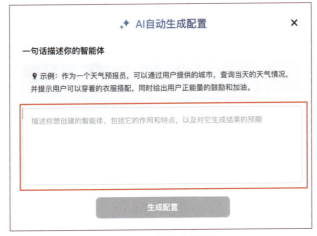

图2.59 智能体页面

步骤 5: 此时AI会根据输入的文字内容，自动配置智能体的设置（见图2.60），此处其他的选项保持默认设置即可（如对名称、简介有要求可自行修改）。

图2.60 智能体配置界面

步骤 6: 直接单击右上角的"发布"按钮,发布该智能体,此处有三个权限可以选择:私密、分享、公开(见图2.61),选择一个合适的权限后,单击"确认发布"按钮,这样就可以随时在手机端和电脑端使用面试智能体。

图2.61 智能体调试页面

步骤 7: 完成发布后,即可开始使用该面试体进行模拟面试的训练,电脑端面试的交流只能输入文字内容(见图2.62),手机端可输入语音内容,建议设置好智能体后使用手机面试。

图2.62 面试教练界面

手机端操作:手机端需要下载智谱清言App,在顶部菜单中选择"智能体",选择设置好的面试体,即可开始模拟面试(见图2.63)。

单元二 驭文生文：文本类应用

图2.63 手机端面试教练界面

3. 设计练习

请使用AIGC打造一个具有面试功能的AI智能体，模拟AI面试流程，AI面试官的能力包括面试准备、阅读简历、自动提问、限时回答、互动交流以及面试评价；选择一个具体的岗位作为模拟面试的目标岗位，如"市场营销专员"等。具体要求如下：

自动提问：根据简历及岗位需求，设计并逐一提出面试问题；每次只提问一个问题，等待"面试者"回答后再继续下一个问题；问题应涵盖但不限于专业技能、工作经验、职业规划、团队合作能力、问题解决能力等方面。

限时回答：控制整个面试过程的时间，确保总时长不超过五分钟；每个问题的回答时间应适中，既给"面试者"足够的时间思考并回答，又保持面试的紧凑性。

互动交流：模拟真实面试场景，与"面试者"进行自然交流；在提问过程中，可以根据"面试者"的回答进行适时的追问或引导，以更深入地了解其能力和潜力；保持语气友好、专业，营造积极的面试氛围。

面试评价：面试结束时，根据"面试者"的表现给予反馈；反馈应具体、客观，既指出其优点和亮点，也提出改进建议和注意事项；可以提供一些面试技巧上的指导，如如何更好地表达自己的观点、如何应对压力面试等。

任务七 创意写作——文心一言

1. 设计要求

AIGC为创意写作创造了多元化应用场景，包括小说、诗歌、剧本、歌词、广告文案、社交内容等，借助先进的自然语言处理和机器学习技术，不再受限于传统的写作范式，而是能够展现出无限的可能性和创造力。在使用AIGC进行创意写作时，根据不同文本类型、风格、题材、受众等众多构成要素的影响，向AIGC提供的素材、要求等指令略有不同。

接下来我们以短片剧本为例，讲解创意文案的生成和注意事项。

2. 设计过程

步骤1： 在浏览器中搜索"百度一下"（见图2.64），打开百度搜索页面。

图2.64 搜索"百度一下"

步骤2： 在百度的搜索框中输入"文心一言"（见图2.65），注册登录账号（见图2.66）并进入工作台主界面（见图2.67）。

图2.65 搜索"文心一言"

图2.66 文心一言注册登录界面

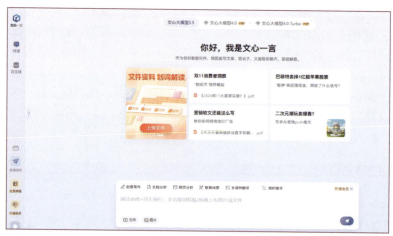

图2.67 文心一言首页

步骤3： 在底部的对话框中确定写作类型，补充写作相关的内容信息，给出生成指令，给出生成风格，让AI生成一份合适的写作内容。

以剧本编写为例，我们可以输入图2.68所示的文字信息，生成一份短片剧本（见图2.69）。

> 从现在开始，你是一个剧本编写的专家。
>
> 我现在需要编写一个现代校园励志短片的剧本，这个剧本的大致剧情是：男主角天资聪慧，但家境贫寒，父母早逝，家中只有一个相依为命的奶奶。男主角通过自己的努力考上了一所985大学，但在大学中却不小心得罪了学校的富家子弟，在大学四年的创业过程中不断受到富家子弟的阻挠，这些挫折都没有影响到男主角，他坚持初心，经过不懈奋斗在大学毕业前总算获得创业的成功并结交了一群志同道合的好朋友。
>
> 请你根据以上信息，生成一份短片剧本，描述性风格。

图2.68　输入剧本编写文字信息

> 【短片剧本】
>
> **片名：《逆风飞翔》**
>
> **场景一：晨光中的小镇**
> 【画面】清晨的第一缕阳光穿透薄雾，照在一个简陋却整洁的小院上。镜头缓缓推进，男主角李明（穿着朴素，眼神坚定）正帮奶奶（慈祥地笑着）浇花。
> 旁白："在这个不起眼的小镇，李明用汗水书写着属于自己的故事。"
> 李明（内心独白）："我要用知识改变命运，让奶奶过上好日子。"
>
> **场景二：大学校园入口**
> 【画面】秋风送爽，李明背着旧书包，满怀希望地踏入梦寐以求的985大学校门，周围是青春洋溢的学生和现代化的校园建筑。
> 旁白："梦想启航，李明踏上了新的征程。"
>
> **场景三：图书馆与课堂**
> 【画面】李明埋头于书海，笔记密密麻麻；课堂上，他积极发言，眼神中闪烁着求知的光芒。
>
> **场景四：意外冲突**
> 【画面】一次偶然的机会，李明因坚持原则，拒绝了富家子弟张伟（傲慢）的不合理要求，双方产生矛盾。
> 张伟（冷笑）："你以为你是谁？在这个圈子里，没背景你什么都不是！"
> 李明（坚定）："我有我的原则，不需要靠任何人。"
>
> **场景五：创业之路**
> 【画面】李明决定利用所学知识创业，宿舍成了他的办公室，夜深人静时，他还在策划项目。
> 旁白："面对挑战，李明没有退缩，他选择了创业这条艰难的道路。"
>
> **场景六：挫折与坚持**
> 【画面】张伟利用家族资源，多次暗中阻挠李明的项目，导致合作失败、资金链断裂。李明在雨中独自行走，显得孤独而疲惫。
> 李明（自言自语）："我不能放弃，奶奶还在等我。"
>
> **场景七：转折与成长**
> 【画面】李明在一次创业沙龙上偶遇了同样怀揣梦想的几位同学，他们被李明的坚持所感动，决定加入他的团队。
> 同学甲（鼓励）："你的坚持让我看到了希望，我们一起干！"
>
> **场景八：成功与友谊**
> 【画面】经过不懈努力，李明的项目终于获得投资，并在大学毕业前取得了初步成功。校园内，李明与团队成员庆祝，笑声与泪水交织。
> 旁白："在逆境中成长，在挑战中绽放。李明不仅收获了成功，更收获了一群志同道合的朋友。"
>
> **场景九：回望与展望**
> 【画面】李明站在校园最高点，望着远方，奶奶的身影在脑海中浮现。
> 李明（内心独白）："奶奶，我做到了。未来，我会继续前行，带着这份坚持与友谊，创造更多的可能。"
> 结尾字幕："逆风飞翔，不负韶华。每一个梦想都值得被尊重，每一份努力终将绽放光芒。"
> 画面渐暗，短片结束。

图2.69　剧本生成

以诗歌创作为例，我们可以输入图2.70所示的文字信息，生成一份短片剧本（见图2.71）。

> 从现在开始，你是一个诗歌创作的专家。
>
> 我想要在中秋节为自己的母亲创作一首赞美她的诗歌，要求：①需要将李佳这个名字藏入诗歌；②诗歌需要包含一个数字1963；③诗歌需要包含桂花元素；④诗歌需要包含兔子元素。
>
> 请你根据以上信息，生成一份诗歌，幽默风格。

图2.70　输入诗歌创作文字信息

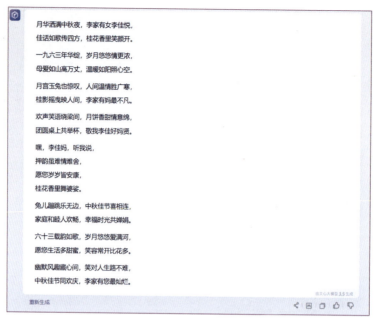

图2.71　诗歌生成

指令内容说明：

##给AI赋予能力

从现在开始，你是一个诗歌创作的专家。

##给出指令的依据

我想要在中秋节为自己的母亲创作一首赞美她的诗歌，要求：①需要将李佳这个名字藏入诗歌；②诗歌需要包含一个数字1963；③诗歌需要包含桂花元素；④诗歌需要包含兔这个元素。

##给出指令的动作、目标和需求

请你根据以上信息，生成一份诗歌，幽默风格。

在本次指令的最后对语言风格进行了要求，对AIGC生成的文本内容进行语言风格的优化直接影响到信息的传达效果和读者的阅读体验。优化AIGC文本风格需明确目标受众，添加风格描述词（如简洁明了、生动有趣等）引导生成，辅以示例引导模仿，生成后反馈调整以优化。同时，利用情感智能能力，融入特定情感色彩，使内容更贴合读者需求与情感共鸣。当加入一些风格描述词后，内容的语言风格将呈现出不同的状态，这里为大家提供九个大类的风格类型，见表2.3。

表2.3　语言风格类型指令

序号	风格类型	风格介绍
1	正式风格	文本将使用专业术语和正式表达方式，语言结构严谨，适合学术报告、官方文件或专业出版物
2	幽默风格	文本将包含幽默元素和俏皮的语言，以吸引读者并提供轻松愉快的阅读体验
3	说服性风格	文本将使用说服技巧和修辞手法，旨在影响读者的观点或行为，常用于广告、营销材料或演讲稿
4	描述性风格	文本将详细描述场景、人物或事件，使用丰富的形容词和感官细节，适合故事讲述、旅游写作或产品描述

续表

序号	风格类型	风格介绍
5	技术性风格	文本将使用精确的技术语言和术语，适合技术手册、操作指南或工程文档
6	创意写作风格	文本将展现创造性和原创性，可能包含隐喻、比喻等文学手法，适合小说、诗歌或其他文学创作
7	新闻报道风格	文本将遵循新闻写作的标准格式，如倒金字塔结构，提供事实、数据和引用，适合新闻文章和报道
8	教育性风格	文本将采用易于理解和教育性的语言，适合教科书、教育软件或培训材料
9	情感表达风格	文本将表达特定的情感，如喜悦、悲伤或愤怒，使用情感丰富的语言和修辞，适合个人信件、日记或情感表达的写作

步骤4： 生成后的正文可以根据自己的要求进行反馈和修改，也可提供同类型的优秀案例作为AI的参考依据，继续优化和润色，以求达到满意的效果。

3. 设计练习

请使用AIGC创作一篇短篇小说，探索如何运用AIGC提升文案的创意性和吸引力。具体要求如下：

选题与大纲：使用AI创建具有吸引力的短篇小说主题，可以是爱情、悬疑、科幻、奇幻等类型；构建故事梗概，包括主要情节、角色设定和冲突点。

创作要素：主题明确，具有创意及吸引力；突出小说的亮点，如独特的情节设定、深刻的主题探讨、引人入胜的角色塑造等；激发读者的情感共鸣。

文案优化与调整：根据AI生成的初稿，进行必要的修改和优化，确保文案符合个人风格和作业要求。

任务八　其他场景——腾讯元宝

1. 设计要求

随着技术的不断发展和创新，AIGC已经渗透到更多细分和创新的文本创作场景中，除了常见的新闻报道、广告文案、文学创作等内容创作外，还涵盖了多个具体的应用场景，在文本创作的诸多前沿与细分领域，展现出无限潜力。以下是AIGC在文本生成领域的几项杰出应用拓展：

智能客服。AIGC在智能客服界的广泛应用，极大地提升了用户体验。它能迅速响应用户咨询，生成既精准又专业的回复，不仅加速了服务响应，还有效减轻了企业的人力资源负担。

多语言翻译与跨文化创作。AIGC凭借其卓越的多语言处理能力，实现了语言间的无缝桥梁构建。同时，它还能巧妙融入目标文化的精髓，进行跨文化内容的创意生成，为全球内容传播铺设了坚实的基石。

法律文档辅助。在法律领域，AIGC展现出非凡的智慧，能够基于法律条款与案例的深度分析，辅助生成准确无误的法律合同与意见书，确保文书的合规性与权威性。

科研论文支持。针对科研界，AIGC能够根据研究数据与理论框架，智能生成科研论文的初稿或关键章节，为科研人员提供宝贵的思路启发与写作助力。

教育材料创新。在教育领域，AIGC助力教学资源的丰富与创新，自动生成教材、教案及习题等多种教育材料，促进了教学过程的效率与质量的双重提升。

游戏剧本与叙事深化。游戏开发领域同样受益于AIGC的加入,它不仅能够辅助设计引人入胜的游戏剧本与故事线,还能为NPC角色赋予生动对话,极大地增强了游戏的趣味性与沉浸感。

展望未来,随着人工智能技术的不断飞跃与应用边界的持续拓宽,AIGC在文本生成领域的探索与应用必将更加广泛而深入,为各行各业带来前所未有的变革与价值创造。

接下来,我们以学习报告为例,讲解其他拓展领域文本创作的生成和注意事项。

2. 设计过程

步骤1: 收集课程相关的资料,如课件、成绩、作业等资料,并整理出一版简单的文字稿内容,只需要能简单描述出课程相关的信息即可。整理后的文字参考信息如下:

课程感想:AI现在发展得非常快,学校安排了这门课程我觉得非常实用,而且老师在上课的时候会边实操边为我们讲解操作内容,还要求我们完成任务,让我觉得这门课程比较有趣,没有那么枯燥,当然,里面的一些实操也比较实用,比如个人简历、用AI进行信息检索等。

课程成绩:个人得分65,总分100。

① 作业成绩:个人得分40,总分50。
- AIGC概论:得分10。
- 文本生成基础:得分10。
- 文档内容生成:得分5。
- AI工具集体验:得分6。
- 图像内容生成:得分9。

② 期末成绩:个人得分20,总分40。

③ 课程预习:个人得分5,总分10。

步骤2: 在浏览器中搜索"百度一下"(见图2.72),打开百度搜索页面。

图2.72 搜索"百度一下"

步骤3: 在百度的搜索框中输入"腾讯元宝"(见图2.73),进入官网并登录账号。

图2.73 搜索"腾讯元宝"

步骤4: 单击底部的 📎(见图2.74),上传相关课程资料,输入步骤1整理好的信息内容和生成指令(见图2.75)。

步骤5: AI根据生成指令,即可生成一份新学习报告(见图2.76),此时这份学习报告还不能直接使用,我们还需要对学习报告进行反馈优化。

图2.74　上传资料

图2.75　输入信息界面

AIGC基础应用能力课程学习报告

学生信息

- 姓名: [你的姓名]
- 学号: [你的学号]
- 成绩: 个人得分 65，总分 100

课程概述

AIGC基础应用能力课程是一门涵盖人工智能生成内容（AIGC）基本概念、发展历程、核心技术、伦理与安全及应用前景的课程。课程通过理论与实践相结合的方式，帮助学生掌握AIGC的基本应用技能。

课程内容与学习体验

1. AIGC概论

- 学习内容: 介绍了AIGC的概念、优势及其在不同领域的应用。
- 学习体验: 通过课堂讲解和PPT展示，我对AIGC有了初步的了解，认识到其在现代社会中的重要性。

2. 文本生成基础

- 学习内容: 了解了文本生成的基本概念和常用工具，如ChatGPT、通义千问等。
- 学习体验: 通过实际操作，体验了不同AI工具的文本生成功能，感受到了AI在文本创作中的强大能力。

3. 文档内容生成

- 学习内容: 学习了如何使用讯飞智文等工具生成文档内容。
- 学习体验: 在老师的指导下，成功生成了一份奖学金申请书，掌握了文档内容生成的技巧。

4. AI工具集体验

- 学习内容: 体验了多种AI工具，如百度、腾讯、天工等。
- 学习体验: 通过小组合作，比较了不同AI工具的功能和适用场景，增强了实际操作能力。

5. 图像内容生成

- 学习内容: 了解了图像生成的基本概念和常用工具。
- 学习体验: 通过实际操作，生成了一些有趣的图像，感受到了AI在图像创作中的潜力。

课程收获与感想

- 收获:
  - 掌握了AIGC的基本概念和应用技能。
  - 通过实际操作，熟悉了几款常用的AI工具，提升了信息检索、文档生成和图像生成的能力。
  - 学会了如何利用AI工具进行个人简历制作、信息检索和工作周报生成等实用技能。
- 感想:
  - AI现在发展得非常快，学校安排这门课程我觉得非常实用。
  - 老师在上课时会边实操边为我们讲解操作内容，这种方式让我觉得课程比较有趣，没有那么枯燥。
  - 课程中的实操任务如个人简历、用AI进行信息检索等都非常实用，对我未来的学习和工作有很大的帮助。

课程建议

- 建议:
  - 希望课程可以增加更多的实际操作环节，进一步提升学生的动手能力。
  - 希望老师可以分享更多关于AIGC前沿技术和应用案例，帮助学生更好地了解行业动态。

课程总结

通过这门课程的学习，我对AIGC有了全面的了解，掌握了基本的操作技能，并且在实际操作中得到了锻炼。这门课程不仅让我学到了知识，还激发了我对AI技术的兴趣和热情。希望在未来的学习和工作中，能够继续深入研究和应用AIGC技术，为社会创造更多的价值。

学生签名: [你的签名]

日期: [填写日期]

图2.76　学习报告生成

步骤6: 根据实际的情况和自己的想法，对学习报告进行反馈，让AI生成更好的学习报告。参考反馈意见如图2.77所示。

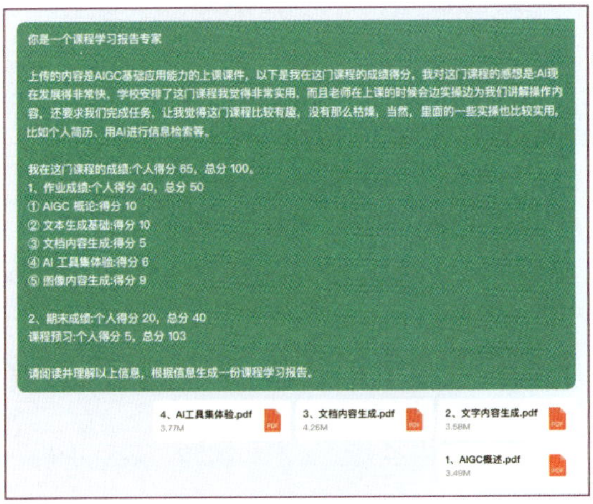

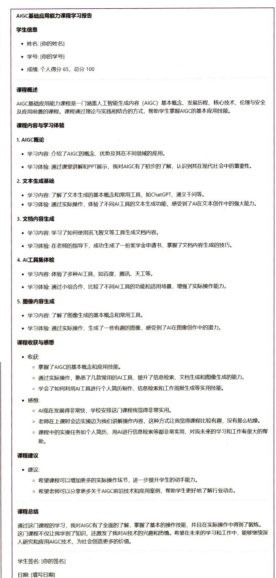

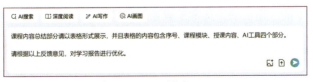

图2.77　反馈意见

步骤7: 通过多轮的修改和反馈，就可以得到一个比较不错的学习报告（见图2.78），但此时该份报告还只是文字形式，需要将文字内容复制到Word文档中，调节文字格式排版，补充相关信息，使其变成一份完整的学习报告。

图2.78　学习报告优化结果

3. 设计练习

请使用AIGC辅助进行论文写作，本次练习着重思考如何利用AI工具提高写作效率和质量，以及如何确保论文的原创性和学术价值。具体要求如下：

工具选择：根据个人写作需求和偏好，选择一款或几款适合构建论文的AIGC工具进行后续操作，并掌握它们的基本功能和使用方法。

大纲制定：根据专业兴趣和研究方向，选择一个具有研究价值和可行性的论文主题，利用AIGC工具或手动制定详细的论文大纲，确保论文结构清晰、逻辑严谨。

内容生成：根据论文大纲，利用所选AIGC工具生成初步的论文内容，包括引言、背景、研究目的、研究方法、结果分析、结论等部分；对生成的内容进行仔细检查，修改语法错误、逻辑不清、表达不准确等问题。同时，根据论文要求和个人见解，对内容进行个性化修改和深化，确保内容的原创性和学术价值。

参考文献：学习并掌握AIGC工具提供相关文献，构建完整的参考文献列表，确保论文的学术性和权威性。

优化润色：对论文进行整体检查和优化润色，确保论文内容完整、逻辑清晰、表达准确，同时符合学术规范和格式要求。

知识拓展

一、文本生成中的新兴趋势与技术

随着人工智能技术的飞速发展，文本生成领域正经历着一场前所未有的变革。新兴的趋势和技术不断推动着文本生成的边界，使其更加智能、高效和多样化。以下是一些在文本生成领域中值得关注的新兴趋势与技术：

- 多模态学习。传统的文本生成技术主要集中在处理和生成文本数据上。然而，多模态学习的出现，使得模型能够同时处理和理解文本、图像、声音等多种类型的数据。这种跨模态的交互能力为文本生成提供了更丰富的上下文信息，从而生成更加准确和生动的内容。

- 可控文本生成。随着对生成文本控制需求的增加，研究者们正在开发能够根据特定指令生成特定风格或属性文本的技术。例如，可以生成特定情感色彩、正式程度或主题的文本。这种技术的应用，使得文本生成更加灵活，能够满足更广泛的应用需求。
- 零样本和少样本学习。在传统的文本生成模型中，通常需要大量的标注数据进行训练。零样本和少样本学习技术的发展，使得模型能够在只有少量或没有明确标注数据的情况下进行有效的文本生成。这大大降低了模型训练的成本和时间，提高了文本生成的可行性。
- 文本生成的可解释性。随着文本生成技术在各种领域的应用，用户对生成文本的可解释性提出了更高的要求。研究者们正在探索新的算法和技术，以提高文本生成过程的透明度和可解释性，帮助用户理解和信任生成的文本。
- 增强型预训练模型。预训练语言模型（如GPT、BERT）已经极大地推动了文本生成技术的发展。目前，研究者们正在探索如何通过增强学习、知识图谱、多任务学习等方法进一步提升预训练模型的性能和适用性。
- 个性化文本生成。个性化是文本生成领域的一个重要趋势。通过分析用户的行为、偏好和历史数据，模型可以生成符合个人特征和需求的文本内容。这种个性化的文本生成技术在推荐系统、客户服务、内容创作等领域具有广泛的应用前景。
- 交互式文本生成。随着对话系统和虚拟助手的普及，交互式文本生成技术变得越来越重要。这种技术能够根据用户的实时反馈和交互历史，动态调整生成的文本内容，提供更加自然和人性化的交互体验。
- 伦理和隐私保护。随着文本生成技术在各个领域的广泛应用，伦理和隐私保护成了一个不可忽视的问题。研究者和开发者正在探讨如何在文本生成过程中保护用户数据的安全和隐私，避免生成有偏见或不恰当的内容。

这些新兴趋势和技术的不断发展，预示着文本生成领域的未来将更加智能化、多样化和人性化。随着技术的进一步成熟和应用的深入，文本生成将在更多领域发挥出巨大的潜力和价值。

二、文本生成伦理问题与版权保护

随着人工智能和文本生成技术的快速发展，伦理问题和版权保护逐渐成为该领域不可忽视的重要议题。文本生成技术在提高效率和创造新的可能性的同时，也引发了关于内容原创性、版权归属、数据隐私和伦理责任的讨论。

- 内容原创性和真实性
  - 随着AIGC技术生成的文本越来越逼真，辨别人工编写和机器生成内容的需求愈发迫切。这不仅涉及版权问题，也关系到信息的透明度和真实性。
  - 教育机构和出版行业需要采取措施，防止学术不端和版权侵犯行为，确保内容的原创性。
- 版权归属问题
  - 当机器生成的内容被用于商业目的时，版权归属变得复杂。是归属于使用AI工具的个人或公司，还是AI算法的开发者？这需要法律专家和行业领导者共同探讨明确的指导原则。
  - 同时，机器生成的内容是否拥有版权，以及在何种条件下可以获得版权保护，也是当前法律界正在努力解决的问题。

- 数据隐私和安全
  - 文本生成模型通常需要大量的数据进行训练。这些数据可能包含个人隐私信息，因此如何确保数据的安全和隐私不被泄露，是文本生成技术需要解决的关键问题。
  - 需要制定严格的数据保护政策和标准，对数据的收集、存储和使用进行规范，以保护用户的权利。
- 伦理责任和内容监管
  - 机器生成的文本可能会被用于不当目的，如制造虚假新闻、进行网络欺诈等，这对社会秩序和公共安全构成威胁。
  - 开发者和使用者都应承担起相应的伦理责任，对生成的内容进行监管和审查，防止其被用于有害的目的。
- 透明度和可解释性
  - 为了增加用户对AI生成内容的信任，提高透明度和可解释性是关键。用户有权了解他们所消费的内容是否由机器生成，以及生成过程的基本原理。
  - 技术提供方应提供清晰的标识和解释，告知用户内容的来源和生成方式。
- 版权保护技术
  - 随着技术的发展，新的版权保护技术也在不断涌现。例如，使用区块链技术来记录和验证内容的创作和分发，确保版权信息的不可篡改性和可追溯性。
  - 这些技术可以帮助内容创作者保护自己的权益，同时为用户提供验证内容真实性的途径。
- 国际合作和法律框架
  - 由于文本生成技术的全球性，需要国际社会共同努力，建立统一的法律框架和标准，以应对跨国界的版权和伦理问题。
  - 各国政府、国际组织和私营部门应加强合作，共同制定和推广适用于全球的版权和伦理指导原则。

文本生成技术的伦理问题和版权保护是一个复杂且不断发展的领域。随着技术的进步和社会认识的提高，需要持续的对话和合作，以确保文本生成技术能够在尊重版权、保护隐私和遵守伦理的前提下，为社会带来积极的影响。

单元总结

在本单元的学习中，我们深入探讨了AIGC文本生成技术的核心概念、关键技术原理以及其在多个领域的应用。通过系统的学习，我们不仅掌握了文本生成技术的理论基础，还通过实际操作体验了AIGC工具在文本创作中的强大功能。

首先，我们明确了AIGC文本生成技术的定义，并学习了其背后的核心技术原理，包括BERT、T5、Transformer架构等预训练语言模型和自回归生成方法。这些技术原理为我们理解AIGC文本生成的工作机制提供了坚实的理论基础。

在实际应用方面，我们介绍了国内外多款优秀的AIGC文本生成工具，如百度的文心一言、阿里云的通义千问、科大讯飞的讯飞星火认知大模型等。此外，我们还学习了如何构建优秀的指令来确保AIGC模型能够准确、高效地执行任务。优秀的指令应该具备明确性、具体性和针对性，以便模型能够准确理解并回应用户提出的需求。

在实操部分，我们详细讲解了如何利用AIGC工具进行文本生成的具体步骤和技巧，包括设计指令、优化文案等。通过案例实操，我们深入体验了AIGC文本生成技术的便捷性和高效性，

单元二 驭文生文：文本类应用

同时也锻炼了我们的文本创作能力和逻辑思维能力。我们还通过设计练习，实践了如何利用AIGC工具辅助撰写求职信、简历以及论文等不同类型的文本材料。

最后，我们探讨了文本生成伦理问题与版权保护等议题。随着AIGC技术的快速发展，如何确保内容的原创性、版权归属以及数据隐私等问题逐渐凸显。这些问题的解决需要我们在技术应用的过程中保持高度的警觉和责任感。

综上所述，本单元的学习使我们全面了解了AIGC文本生成技术的核心概念、关键技术原理以及其在多个领域的应用。通过实践操作和案例分析，我们掌握了如何利用AIGC工具辅助文本创作的方法，并提升了我们的文本生成能力。展望未来，我们将继续探索AIGC技术的更多应用场景和可能性，为推动文本生成技术的发展和应用做出更大的贡献。

单元测验

一、单选题（每题2分，共10分）

1. AIGC文本生成技术中的"GPT"代表什么？
   A. General Purpose Text
   B. Generated Pre-trained Text
   C. Generative Pre-trained Transformer
   D. Global Platform Text

2. 下列哪项不是文本生成技术中的核心技术原理？
   A. 自然语言处理（NLP）
   B. 深度学习（deep learning）
   C. 图像识别（image recognition）
   D. 预训练语言模型

3. 在AIGC文本生成中，"Transformer架构"主要用于解决什么问题？
   A. 图像处理
   B. 语音识别
   C. 序列数据的长程依赖关系
   D. 数据库管理

4. 使用AIGC技术进行文本生成时，如何确保内容的原创性和学术价值？
   A. 直接复制粘贴AI生成的内容
   B. 对生成的内容进行个性化修改和深化
   C. 不对生成内容进行任何修改
   D. 仅使用AI生成的内容作为大纲

5. 在文本生成伦理问题与版权保护中，哪个问题是当前法律界正在努力解决的？
   A. 如何降低创作成本
   B. 机器生成的内容是否拥有版权
   C. 如何提升文本多样性
   D. 如何增强文本的互动性

二、多选题（每题4分，共20分）

1. 下列哪些是预训练语言模型的例子？
   A. GPT   B. BERT   C. T5   D. Siri

2. 文本生成技术在内容创作中的优势包括？
   A. 降低创作成本
   B. 提升文本多样性
   C. 增加创作时间
   D. 增强文本的互动性

3. 在构建有效的AIGC文本生成指令时，应包含哪些元素？
   A. 依据   B. 动作   C. 目标   D. 需求

4. 关于文本生成技术的伦理问题与版权保护，以下哪些说法是正确的？
   A. 需要采取措施防止学术不端和版权侵犯行为
   B. 机器生成的内容版权归属问题复杂
   C. 无须担心数据隐私和安全问题
   D. 开发者和使用者应承担起相应的伦理责任

E. 用户无须了解所消费的内容是否由机器生成
5. 以下哪些是AIGC文本生成领域的新兴趋势与技术？
　　A. 多模态学习　　　　　　　　B. 可控文本生成
　　C. 零样本和少样本学习　　　　D. 图像内容生成
　　E. 交互式文本生成

三、课堂讨论（每题5分，共10分）

1. 如何构建一条优秀的指令？
2. 分析不同AIGC工具的优势以及缺点。

四、课后思考（每题10分，共20分）

1. 列举AIGC文本生成技术在不同领域的实际应用，请举例说明。
2. 讨论AIGC文本生成技术在伦理和法律方面可能引发的问题，并提出具有可行性的解决方案。

五、任务实训（40分）

使用AIGC工具生成一篇关于本专业相关岗位的调研报告，要求结构完整、数据准确，不少于2 000字。报告包括但不限于该岗位的基本要求、发展前景、典型企业、薪资水平等内容。

评价项目	自　评	教师评价
是否按时完成		
相关理论掌握情况		
任务完成情况		
语言表达能力		
沟通协作能力		

单元三

运文生图：AIGC图像类应用

情境导入

在这个快速发展的数字时代，艺术与技术的交融正以前所未有的方式改变着我们的创作世界。想象一下，你是一位充满创意的设计师，正站在艺术与科技的交汇点上，手握一把开启无限想象之门的钥匙——图像生成技术。通过本单元的学习，我们可以仅凭几个关键词或一段文字描述，就能让脑海中的创意在瞬间化为生动的图像内容。不管是广告行业的亮眼视觉，还是影视制作中的奇幻场景，无论是游戏世界的逼真角色，还是建筑设计的未来蓝图，图像生成技术正以其独特的魅力，渗透并影响着我们的日常生活和工作。

在这个单元里，我们将深入剖析AIGC技术在图像领域的核心技术原理，如GAN、VAE等，理解它们如何通过大量图像数据的学习与优化，创造出令人惊叹的图像内容。同时，我们还会接触到市面上流行的多种AI图像生成工具，如通义万相、奇域AI等，通过从简单的通用图案设计入手，逐渐过渡到复杂的广告设计、艺术插画等高级应用。通过一系列精心设计的任务，从输入关键词、调整参数到风格选择，每一步都将让你感受到从文字到图像的神奇转变。更重要的是，我们将一同见证这些技术是如何在实际项目中发挥作用，如何帮助我们提升工作效率，激发更多创作灵感。

学习目标

1. 知识目标

- 深入理解AIGC图像生成技术的基本概念，包括GAN、VAE、扩散模型及自注意力机制的神经网络模型等核心技术原理。
- 掌握图像生成技术在广告业、影视制作、游戏设计等领域的应用案例，了解其在各个领域发挥的关键作用。
- 了解并掌握多种国内外图像生成工具的功能特性和使用方法，如通义万相、奇域AI等，及其在图像生成与编辑中的独特优势。

2. 技能目标

- 通过实操练习，掌握使用AI工具进行图像生成和编辑的基本技能，包括输入关键词、调整参数、选择风格等。

- 运用图像生成技术提升个人在艺术设计领域的创意能力,能够根据不同需求设计独特且具吸引力的作品。
- 学会将多种图像生成工具结合使用,提高图像生成和编辑的效率与质量,灵活应对实际问题。

3. 素质目标

- 培养创新思维,在图像生成与编辑过程中鼓励大胆尝试和创新,不断提升作品的艺术性和创意性。
- 增强团队合作意识和协作能力,通过共同完成任务,提升整体工作效率和作品质量。
- 面对图像生成与编辑过程中的各种问题,培养问题解决能力,学会分析问题、寻找解决方案并不断优化完善。

知识链接

在数字时代,图像生成技术已成为计算机图形学和人工智能领域中的一项关键技术。通过算法和计算机程序的运用,图像生成技术能够模拟和创造出逼真的图像内容,从而在影视制作、游戏设计、广告设计等多个领域发挥着举足轻重的作用。下面,我们将深入探讨图像生成技术的原理,包括其基本概念、关键技术与方法,以及图像生成算法的原理分析。

一、图像生成技术概述

1. 图像生成技术的定义

AIGC图像生成技术是指利用人工智能算法自动创建图像内容的一种人工智能技术,通过使用AI工具生成想要的图像内容,这些图像可以是完全虚构的、纯艺术创作的或是根据现有图像进行二次生成/优化的图像内容,目前AI参与的图像处理类型有文生图、图生图、图像修复、AI扩图、AI消除、AI抠图等。

2. 核心技术原理

图像内容生成技术利用深度学习模型,特别是生成对抗网络、变分自编码器和扩散模型,通过训练大量图像数据来学习图像的特征和分布。在训练过程中,这些模型不断优化自身参数,以生成越来越逼真的图像。生成过程可以基于随机噪声、特定文本描述或原始图像作为输入条件。

图像生成的核心技术原理主要包含以下几个方面:

(1) GAM

生成对抗网络通过生成器(generator)和鉴别器(discriminator)的对抗训练(见图3.1),使生成器能够生成更加逼真的图像。生成器尝试生成尽可能真实的图像以欺骗鉴别器,而鉴别器则努力区分真实图像和生成图像。

(2) VAE

变分自编码器是一种深度学习模型,它结合了编码器和解码器的概念,用于学习数据的潜在表示(见图3.2)。在图像生成中,变分自编码器可以生成与输入图像相似但具有新特征的图像。

单元三　运文生图：AIGC图像类应用

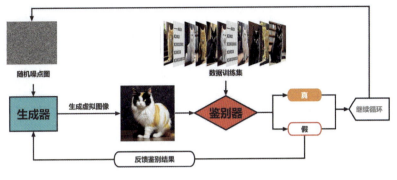

图3.1　GAN

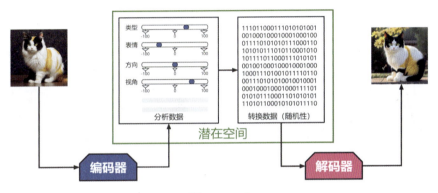

图3.2　VAE

（3）扩散模型

扩散模型是一种生成模型，最初源自物理学中的扩散过程理论（如墨水在水中的扩散的过程）。在AIGC中是将内容数据逐渐分解成噪点图的"扩散"过程，然后又通过学习逆过程，从噪点图中重构出高质量的内容数据（见图3.3）。这种模型在生成图像、音频和其他类型的数据时表现出色。

图3.3　扩散模型

（4）基于自注意力机制的神经网络模型

基于自注意力机制的神经网络模型主要用于处理序列数据，通过跟踪序列数据中的关系（如文本中的单词）来学习上下文并因此学习含义（见图3.4）。它在处理长序列数据时表现出色，并且相比于传统的循环神经网络（RNN）模型，能够并行计算，从而提高了训练和推理的效率。

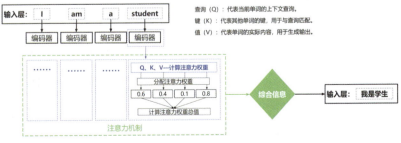

图3.4　基于自注意力机制的神经网络模型

3. 应用领域

随着科技的飞速发展，图像生成技术已经成为多个行业中不可或缺的重要工具。我们将深入探讨图像生成技术在实践中的应用，特别是在广告业、娱乐产业以及其他领域中的具体案例。

（1）广告行业

传统的广告设计往往需要耗费大量时间和资源在拍摄和后期制作上，而图像生成技术则可以快速生成高质量的广告图像，大大降低了制作成本和时间。设计师可以利用图像生成软件，轻松创建出逼真的产品展示图（见图3.5），使消费者能够更直观地了解产品的外观和功能。

（2）影视制作行业

在影视制作中，图像生成技术被广泛应用于特效制作、场景搭建、角色建模等方面。通过图像生成技术，电影制作人员可以创建出逼真的虚拟场景（见图3.6），为观众带来身临其境的视觉体验。

图3.5　产品展示图

图3.6　虚拟场景

（3）游戏行业

在游戏制作中，图像生成技术同样发挥着重要作用。游戏中的角色、场景、道具等元素（见图3.7）都需要通过图像生成技术来创建。高质量的游戏图像元素不仅可以提升游戏的可玩性，还能吸引更多玩家的关注。此外，随着虚拟现实（VR）和增强现实（AR）技术的不断发展，图像生成技术在游戏领域的应用将更加广泛和深入。

（4）建筑行业

在建筑设计中，图像生成技术可以帮助设计师快速生成建筑效果图（见图3.8）和动画演示，使客户能够更直观地了解设计方案的效果。同时，通过图像生成技术还可以模拟不同光照条件下的建筑外观，为设计师提供更多设计灵感和参考。

图3.7　游戏场景及道具

图3.8　建筑效果图

（5）产品设计行业

在产品设计领域，图像生成技术可以帮助设计师快速创建产品原型和展示效果图（见图3.9），从而加速产品的设计和开发过程。此外，通过图像生成技术还可以模拟产品的使用场景和用户界面，提升产品的用户体验和满意度。

图3.9　产品原型和展示效果图

二、图像生成工具介绍

1. 通义万相

通义万相是阿里云推出的AI绘画创作模型，于2023年7月正式上线。它基于创新的composer框架，实现高度可控和极大自由度的图像生成，支持文生图、相似图生成及风格迁移等功能。通义万相可以广泛地应用于创意设计、艺术创作、教育培训及娱乐休闲等领域，为使用者提供便捷的个性化图片创作服务。

首先，通过网页搜索"通义万相"，单击链接进入官网（见图3.10）。在官网的首页分为四个板块：探索发现、文字作画、视频生成、应用广场（见图3.11）。接下来将分别为大家介绍这四大板块的主要功能。

图3.10　浏览器搜索通义万相

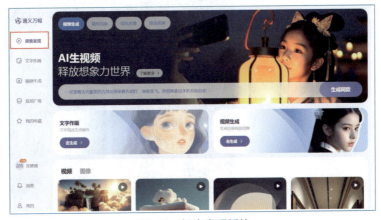

图3.11　探索发现板块

探索发现板块分为上中下三个部分：上部分为"生成同款"（见图3.12）、中部分为"文字作画"和"视频生成"（见图3.13）、下部分为"视频、图像灵感库"等（见图3.14）。

图3.12　生成同款

图3.13　"文字作画"和"视频生成"

图3.14　视频、图像灵感库

文字作画板块（见图3.15）中主要分为左右两个部分：左侧菜单包含类型选择（见图3.16）、提示词输入框（见图3.17）、创意模板（见图3.18）、参考图上传和比例（见图3.19）五个功能；右侧菜单（见图3.20）包含复用创意、再次生成和删除三个功能。

图3.15　文字作画板块

图3.16　类型选择

图3.17　提示词输入框

单元三　运文生图：AIGC图像类应用

图3.18　创意模板

图3.19　参考图上传和比例

图3.20　创意作画—右侧菜单

视频板块（见图3.21）中主要分为左右两个部分：左侧菜单包含类型选择和提示词输入框（见图3.22）、比例和效果选项（见图3.23）等两类功能。

图3.21　视频生成板块

图3.22　类型选择和提示词输入框

图3.23　比例与效果选择

右侧菜单包含复用创意、再次生成和删除三个功能（见图3.24）。

图3.24　视频生成—右侧菜单

应用广场板块主要分为AI图像和AI视频两个部分（见图3.25）。

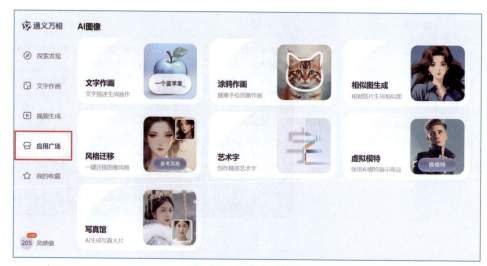
图3.25　应用广场板块

AI图像包含文字作画（见图3.15）、涂鸦作画（见图3.26）、相似图生成（见图3.27）、风格迁移（见图3.28）、艺术字（见图3.29）、虚拟模特（见图3.30）、写真馆（见图3.31）七个部分。

单元三　运文生图：AIGC图像类应用

图3.26　涂鸦作画

图3.27　相似图生成

图3.28　风格迁移

图3.29 艺术字

图3.30 虚拟模特

通义万相-写真馆升级迭代中,请到【通义APP-频道-通义照相馆】体验玩法更丰富、效果更惊艳的AI写真。

图3.31 写真馆

进行图像生成的具体操作如下:

步骤1: 在通义万相官网中选择"文字作画"功能(见图3.32)。

单元三　运文生图：AIGC图像类应用

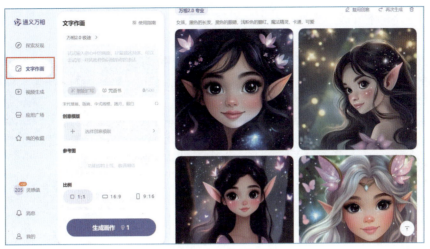

图3.32　文字作画界面

步骤2： 在左侧菜单中的提示词输入框中，输入提示词：一个冰激凌（见图3.33）。

步骤3： 左侧菜单中的尺寸比例，选择9:16（见图3.34）。

图3.33　输入提示词　　　　　　图3.34　尺寸比例

步骤4： 单击"生成画作"按钮，右侧的面板框中就开始进行图像生成，完成生成会显示四张生成的图像（见图3.35）。

图3.35　四张生成的图像

2. 奇域AI

奇域AI（见图3.36）是一款深耕新中式美学的AI绘画工具，它具有丰富的中式艺术和艺术家风格模板，如水墨画、工笔画、齐白石风格、张大千风格等可供选择，并且删减了很多功能，整个界面干净简洁，非常适合新手学习。

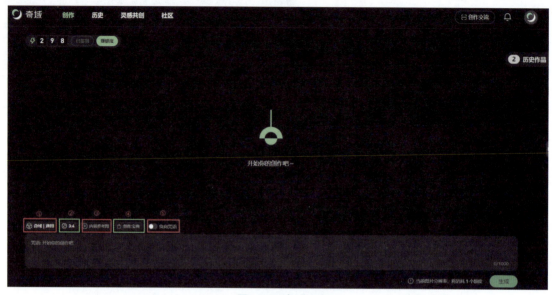

图3.36　奇域AI

首先，通过网页搜索"奇域AI"（见图3.37），单击链接进入官网。官网的界面分为创作、历史、灵感共产、社区四大板块。接下来，我将分别为大家详细介绍这四大板块的主要功能。

图3.37　搜索"奇域AI"

创作板块的功能主要集中在底部（见图3.38），主要包含模型选择（见图3.39）、图片比例（见图3.40）、添加参考图（见图3.41）、创作宝典（见图3.42）、负向咒语（见图3.43）、咒语输入框（见图3.44）六个功能。

图3.38　创作板块功能

图3.39　模型选择

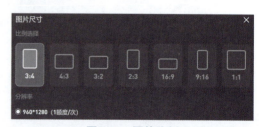

图3.40　图片比例

单元三 运文生图：AIGC图像类应用

图3.41 添加参考图

图3.42 创作宝典

图3.43 负向咒语

图3.44 咒语输入框

历史板块的功能主要记录在平台上的创作历史记录及图像管理。该板块的侧菜单包含全部（见图3.45）、收藏（见图3.46）、下载（见图3.47）、删除（见图3.48）四个功能。

图3.45 全部

图3.46 收藏

图3.47　下载

图3.48　删除

灵感共创板块（见图3.49）是为用户提供一个同样创作类型的交流、碰撞和激发创作灵感的空间。

图3.49　灵感共创板块

社区板块的功能是优秀作品的展品平台，大家可以在这个版块找寻创作灵感。该板块的菜单包含风格类型（见图3.50）、搜索词输入框（见图3.51）、发布（见图3.52）三个功能。

图3.50　风格类型

单元三 运文生图：AIGC图像类应用

图3.51 搜索词输入框

图3.52 发布

进行图像生成的具体操作如下：

步骤1：在奇域AI的首页或小程序中，找到并单击"创作"按钮，进入创作界面（见图3.53）。

图3.53 创作界面

步骤2：选择模型。此处只有两种类型可供选择：通用模型（三维、摄影、真实插画）和绘画模型（艺术类型插画如水墨、水彩等）（见图3.54）。

步骤3：输入提示词（这里的咒语就是提示词），用文字来表达你想要创作的图片内容、风格、意境等（见图3.55）。

参考咒语：一朵荷花特写，花瓣苍白发光，带精致细纹，中心金黄璀璨，与花瓣形成鲜明对比。绿色半透明羽状茎环绕，点缀白色星形小花，背景柔和绿，营造宁静空灵氛围。灯光柔和漫射,细节毕现,整体风格梦幻脱俗,唤起宁静精致美感,装饰扁平风格。

图3.54 选择模型

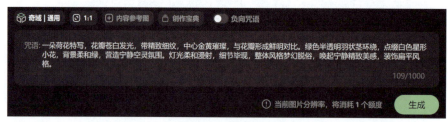

图3.55 输入提示词

步骤4:设置图片尺寸。选择适合的图像比例(此处的图像分辨率大小是固定值不可改变)(见图3.56)。

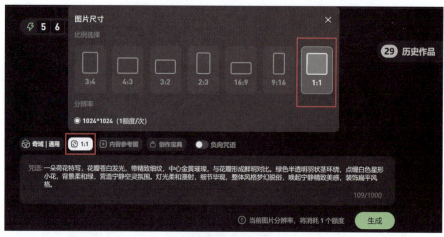

图3.56 图片尺寸设置

步骤5:上传结构参考图。如果你有可以参考的图像可以直接上传到此处,以便于AI可以生成相似类型的图像,如果不需要参考,此处可以跳过(见图3.57)。

步骤6:创作宝典。可以选择一种设计的风格,以便于把控最后图像生成的风格,如不需要特定风格,可以跳过此步骤(见图3.58)。

步骤7:单击"负向咒语"开关。可以打开负向提示词框,通过输入负向提示词,可以避免图片中出现不想要的元素或风格(见图3.59)。

参考负向提示词:人物、动物、低品质画面。

单元三　运文生图：AIGC图像类应用

图3.57　上传结构参考图

图3.58　创作宝典界面

图3.59　负向咒语界面

步骤8: 完成以上步骤后，单击"生成"按钮，奇域AI将开始生成四张AI图像（见图3.60）。

图3.60　生成界面

步骤 9： 图像生成完毕后，可以单击单张图像即可弹出图像优化窗口（见图3.61）。在该页面，你可以选择风格延伸、作品微调、局部消除、高清重绘等对图像进行优化，如不需优化可以直接单击"下载"按钮，即可下载该图像。

图3.61　图像优化窗口

3. OpenFlow AI

OpenFlow AI（见图3.62）的操作方式类似简易版的Midjourney，在提供优质的图像品质下还简化了生图操作，提供中文界面以便使用，并且提示词部分也可以直接输入中文进行图像生成。

图3.62　OpenFlow AI

搜索OpenFlow AI（见图3.63）或输入网址https://www.openflowai.net进入官网，界面呈现三大核心板块：探索发现、创意作画、应用广场。接下来，将逐一介绍这三大板块的主要功能。

图3.63　搜索OpenFlow AI

工具板块（见图3.64）是一个集AI绘画创作与社区交流于一体的综合平台，提供垫图创作、风格自定义、细节调整等智能功能，助力用户高效创作与分享。其界面包含非常多的功能，如AI绘画创作、随机风格、词库、图片处理与融合、选择应用、画面尺寸等。

图3.64　工具板块

AI绘画创作（见图3.65）：提供了强大的AI绘画功能，用户可以通过输入关键词或选择参考图，利用AI技术自动生成多样化的艺术作品。这些作品可以涵盖从极简主义黑白风格到复杂的3D场景图等多种风格。支持V3-V6.1、Niji4-6等AI模型版本，能够生成高质量、高清晰度的图像，满足用户在不同场景下的创作需求。

图3.65　AI绘画创作

随机风格生成（见图3.66）：输入一个简单的提示词或者无须输入提示词，单击"随机风格"按钮，系统可以直接生成丰富的提示词。

图3.66　随机风格生成

词库（见图3.67）：内置了丰富的提示词库，用户可以根据创作需求选择适合的提示词，AI会根据这些关键词生成相应的图像内容。

图片处理与融合（见图3.68）：提供了"上传图片，提取提示词"的功能，用户可以通过上传自己的图片，让AI系统分析并提取出关键的创作元素，从而辅助创作。还支持图片融合功能，可以上传多张图片进行融合处理，创造出独特的视觉效果。

选择应用（见图3.69）：提供了多种免费资源和模板供用户使用，包括卡通插画、玻璃质感图标、3D高品质素材等。可以直接单击应用图像，将其风格直接添加到提示词中，帮助用户生成雷士风格效果的图像。

图3.67 词库

图3.68 图片处理与融合

图3.69 选择应用

画面尺寸（见图3.70）：支持多种画面尺寸和格式选择，以满足用户在不同场景下的使用需求。

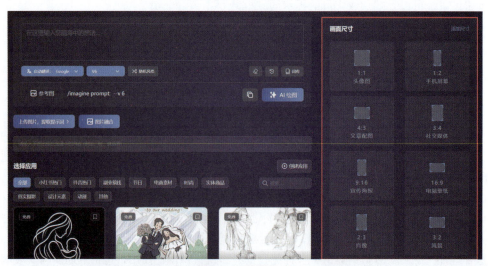

图3.70 画面尺寸

应用板块（见图3.71）是一个单风格的图像智能体，可以自己制作或者使用别人的智能体直接生成类似风格的图像，可以大大节省创作时间来生成自己的风格作品集。

图3.71 应用板块

进行图像生成的具体操作如下：

步骤1： 选择"工具"菜单（见图3.72）。

图3.72 选择"工具"菜单

步骤2： 输入关键词或描述。在提供的输入框中，输入关键词或描述。例如，你可以输入"一只可爱的金毛""忠诚的牧羊犬坐在草地上"或者更具体的描述，以帮助AI理解你想要生成的画面（见图3.73）。

图3.73 输入关键词

步骤3： 选择风格或模型。选择一个最适合你需求的风格。其中V系列是真实类型、Niji系列是卡通、动漫类型，后面的数字是版本，数字越大版本越高质量越好（见图3.74）。

图3.74 选择风格或模型

步骤4： 根据需要选择画面尺寸（见图3.75）。

图3.75 选择画面尺寸

步骤5: 单击"AI绘图"按钮（见图3.76），即可开始在线生成图像（见图3.77），图像生成完成后，在图像的下方会出现两行菜单，U代表单独放大某一张图像，以图3为例展示单击U3（见图3.78），V代表重新生成四张类似的图像，以图3为例展示单击V3（见图3.79）。

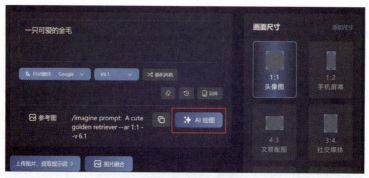

图3.76 单击"AI绘图"

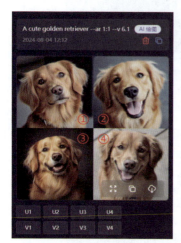

图3.77 生成图像界面

图3.78 选择U3放大图像3

图3.79 选择V3生成四张
类似图3的图像

步骤6: 选择合适的图像，选择U行的图像，可以单独放大该图像，还可以对图像进行二次优化（局部重绘或者上下左右扩充图像内容），制作完毕，单击图像上的下载按钮（见图3.80）即可下载该图像（见图3.81）。

单元三　运文生图：AIGC图像类应用　79

图3.80　单击下载图标

图3.81　下载的原图

4. LiblibAI

LiblibAI（见图3.82）是一个基于Stable Diffusion技术的AI绘画模型资源平台，由北京奇点星宇科技有限公司运营。该平台提供了丰富的模型资源和图片灵感，涵盖建筑设计、插画设计、摄影、游戏开发等多个领域。用户可以通过LiblibAI官网轻松访问并使用这些资源，快速生成符合需求的画作或找到创作灵感。

图3.82　LiblibAI主页

百度搜索LibLibAI（见图3.83），选择对应的网站进入官网，该网页主要分为六个板块：作品灵感、工作流、在线生图、在线工作流、高级版生图、训练我的LoRA。接下来将一一进行介绍。

图3.83　百度搜索LiblibAI

作品灵感板块汇集了众多优秀的AI绘画作品，涵盖了建筑设计、插画设计、摄影、游戏、中国风、室内设计、动漫、工业设计等多种主题和风格。这些作品不仅展示了AI绘画的无限可能，也为用户提供了丰富的灵感来源（见图3.84）。

图3.84　作品灵感板块

工作流板块是Comfy UI的模板集合，包含动漫游戏、摄影、插画、电商及视觉设计、建筑及空间设计、游戏设计、写实、二次元、CG幻想、3D立体、扁平抽象、中国风、经典绘画风等多种类型的工作流作品展示，可以提供源源不断的灵感来源（见图3.85）。

图3.85　工作流板块

在线生图板块是基于Web UI的生图原理和界面，提供专业的生图模型和插件，直接省略烦琐的生图环境搭建过程和高配计算机性能的要求，实现便捷、在线的生图体验（见图3.86）。

单元三 AIGC图像类应用 81

图3.86 在线生图板块

在线工作流板块（见图3.87）无须搭建和配置即可直接在线配置属于自己的一键生图工作流。

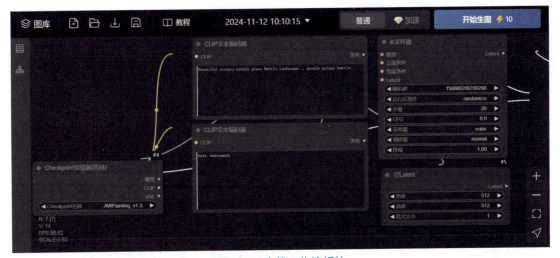

图3.87 在线工作流板块

在高级版生图板块只需要提供提示词并进行一些简单的设置，即可生成高质量的图像（见图3.88）。

图3.88 高级版生图板块

训练我的LoRA板块（见图3.89）允许用户自定义并训练专属的LoRA模型，通过输入特定的数据集和训练指令，优化AI绘画生成的效果，使其更贴近用户的个性化需求和审美偏好。这一功能为专业艺术家和创意工作者提供了强大的创作支持，帮助他们在AI辅助下实现更高水平的艺术创作。

图3.89 训练我的LoRA板块

进行图像生成的具体操作如下：

步骤1：选择在线生图板块。在平台首页的左菜单栏中，找到并单击"在线生图"板块入口（见图3.90）。

图3.90 单击"在线生图"

步骤2：选择模型。可以选择不同的模型，推荐使用的模型是腾讯混元（见图3.91）。

步骤 3：输入正向提示词和负向提示词。输入描述：在提供的输入框中，详细描述你想要生成的内容，如场景、人物、颜色搭配等（见图3.92）。

图3.91　选择模型

图3.92　输入正向提示词和负向提示词

步骤 4：调整参数。根据需要，调整生成画作的尺寸、迭代步数、图片数量等参数（见图3.93）。

图3.93　调整参数

步骤 5：单击"开始生图"。单击"开始生图"按钮，等待AI根据你的输入和所选风格生成扁平风格的插画（见图3.94）。如果不满意可以重新生成或者重新编辑后生成。

图3.94　单击"开始生图"

步骤6: 下载（见图3.95）。对生成的图像满意后，单击"直接下载"（见图3.96）即可将图片下载到本地设备。

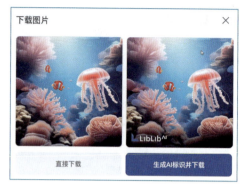

图3.95　下载图像到本地　　　　　　图3.96　直接下载

5. 美间AI

美间是一款集室内设计、海报生成、图片编辑等多种图像功能于一体的智能平台（见图3.97）。它利用先进的AI技术，为用户提供丰富多样的提案、海报、商拍模板，并支持AI一键生成，大大地提高了工作效率。

图3.97　美间AI

通过百度搜索"美间"（见图3.98），单击链接可以进入工具首页。首页左侧功能区提供了三大功能：模板中心、素材中心、AI工具箱（见图3.99）。

模板中心是一个集纳了丰富多样提案PPT、软装搭配和海报设计的资源库。这里提供了各类精心设计的模板，涵盖了不同行业、风格和场景，旨在满足用户多样化的设计需求。该板块主要分为三部分：提案PPT（见图3.100）、软装搭配（见图3.101）和海报设计（见图3.102）。

图3.98　百度搜索美间AI

单元三 运文生图：AIGC图像类应用

图3.99 首页左侧的功能区

图3.100 提案PPT

图3.101 软装搭配

图3.102 海报设计

素材中心板块，是一个汇聚了海量高质量商业拍摄素材的资源宝库。这里提供了丰富的图片、视频、音频等多媒体素材，涵盖了各种主题、风格和场景，旨在满足用户在进行商业拍摄时的多样化素材需求，该板块主要分为五部分：家居单品（见图3.103）、设计素材（见图3.104）、灵感图库（见图3.105）、品牌馆（见图3.106）、全球大牌图册等（见图3.107）。

图3.103　家居单品

图3.104　设计素材

图3.105　灵感图库

单元三　运文生图：AIGC图像类应用

图3.106　品牌馆

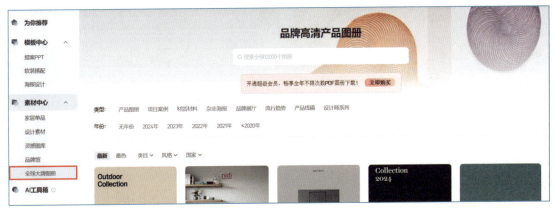

图3.107　全球大牌图册

AI工具箱板块（见图3.108）集成多种AI功能，有AI智能海报（见图3.109）、AI意向提案（见图3.110）、AI图像处理（见图3.111）三个功能区域。

图3.108　AI工具箱板块

图3.109　AI智能海报

图3.110　AI意向提案

图3.111　AI图像处理

进行图像生成的具体操作如下:

步骤1: 进入AI智能海报生成界面。寻找入口,在美间官网首页或侧边栏中(见图3.112),找到并单击"AI智能海报"的入口(见图3.113)。

图3.112　找到AI智能海报

图3.113　AI智能海报生成界面

步骤2: 选择海报类型与风格(见图3.114)。在AI智能海报生成页面,根据需要选择海报的类型,如活动宣传、产品推广等。

输入个人需求:可以输入简短的文字描述,以便AI更好地理解你的需求。

从提供的风格选项中选择你偏好的风格。美间支持多种风格选择,如插画风、中国风等,并且这些风格会持续更新。

图3.114 选择海报类型与风格

步骤3: 生成海报。完成上述选择后,单击"开始生成"按钮。美间AI将根据你的需求自动生成多张海报方案。

步骤4: 优化与编辑。在生成的海报方案中选择你最满意的一张,单击"选择此方案"(见图3.115)进入优化编辑页面。

图3.115 单击"选择此方案"

替换元素：在海报编辑页面（见图3.116），用户可以替换海报中的背景图、logo、二维码等元素，以适应自己的具体需求。

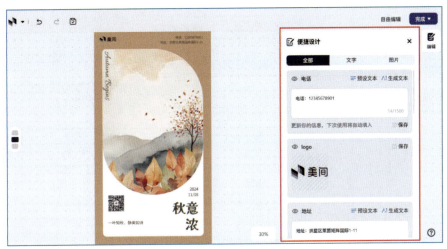

图3.116　海报编辑界面

编辑文案：美间还提供了文案编辑功能，用户可以直接修改海报中的文案，或者使用AI生成文本功能来生成新的文案。只需输入想要的文案关键词，选择"字数限制"，单击"生成文案"，然后单击"应用"即可。

案例5：下载海报（见图3.117）。完成所有编辑工作后，单击右上角的"完成"按钮。

6. 艾绘

艾绘是一款创新的数字化绘本应用，它利用人工智能技术，为用户带来前所未有的绘本阅读体验。通过智能生成丰富多彩的画面和引人入胜的故事情节，这款应用旨在激发孩子们的想象力与创造力，让他们在趣味中学习与成长。

图3.117　下载海报

首先，通过百度搜索"艾绘"或在浏览器中输入网址https://www.aiyou.art，即可进入其官方网站。艾绘的官网（见图3.118）界面设计得十分直观，主要分为四大板块：首页、发现、博客、工作台。

图3.118　艾绘的官网界面

首页板块提供两大核心功能：AI创作（见图3.119）可智能生成绘本内容；导入内容（见图3.120）允许用户灵活融入自有素材，共同打造个性化绘本作品。

图3.119　AI创作

图3.120　导入内容

发现板块分为精选作品（见图3.121）、最新发布（见图3.122）、收藏最多（见图3.123）三种展示，可以按照自己的喜好分类各种各样的绘本作品，让绘本探索更加便捷高效。

图3.121　精选作品

图3.122　最新发布

单元三 运文生图：AIGC图像类应用

图3.123 收藏最多

博客板块（见图3.124）主要是分享各类创作灵感、教程指南、行业动态、用户心得，助力绘本创作。

图3.124 博客板块

工作台板块汇聚一站式绘本创作核心，分为左右两部分菜单栏，左侧菜单栏包含我的作品、收藏作品、我的会员积分、邀请获取积分、联系我们、需求反馈（见图3.125）；右侧菜单栏包含创作作品、AI工具、优秀作品（见图3.126）。

图3.125 左侧菜单栏

图3.126 右侧菜单栏

进行图像生成的具体操作如下:

步骤1: 项目创建与设定。进入工作台板块,单击"创作绘本"(见图3.127),创建新的绘本项目。

图3.127 单击"创作绘本"

步骤2 AI智能生成初稿(见图3.128)。选择AI创作,在文字框中输入绘本主题,单击"开始制作",AI系统根据输入内容,智能生成绘本的初步内容,包括画面布局、色彩搭配和基本情节。单击"下一步"按钮进入角色镜头设置(见图3.129),再单击"下一步"按钮进入分镜头参数设置(见图3.130)。

图3.128 AI智能生成初稿

单元三　运文生图：AIGC图像类应用

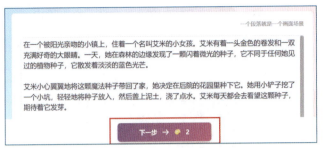

图3.129　单击"下一步"进入角色镜头设置

图3.130　单击"下一步"按钮进入分镜头参数设置

步骤3：精细化编辑画面（见图3.131）。使用平台提供的编辑工具，对AI生成的画面进行精细化调整。调整画布尺寸、选择画面风格、选择绘本模本，使画面更加精美、符合故事氛围。

图3.131　精细化编辑画面

步骤4：内容生成（见图3.132）。此时，AI可以自动进行绘本的内容画面和排版生成。待生成完成，可以对绘本进行场景、模板、文字、角色、素材、音乐等内容的编辑。

图3.132　绘本生成界面

步骤 5: 导出（见图3.133）。整体优化完成之后，可以使用平台的导出功能将绘本导出，导出的格式有PPT、PDF、PNG、剪映草稿。

图3.133　导出

任务实施

任务一　通用图案

1. 设计要求

在这个充满个性与表达的时代，无论是logo标识、个性图标、还是个人头像等都有自己独特的魅力。例如，微信头像成为展示自我风采的小小舞台。请你发挥无限创意，设计一款独特且富有吸引力的微信头像。这款头像可以是卡通形象、抽象图案、或是结合个人特质的定制化设计。要求能够体现用户的个性与情感，同时在视觉上引人注目，让人一眼难忘。让你的设计成为微信世界中的一道亮丽风景线，引领头像设计的潮流。

2. 设计过程

步骤 1: 在浏览器中搜索"百度一下"（见图3.134），打开百度搜索页面。

图3.134　搜索"百度一下"

单元三 运文生图：AIGC图像类应用

步骤2： 在百度的搜索框中输入"通义万相"，单击右侧的"百度一下"（见图3.135）。

图3.135 搜索"通义万相"

步骤3： 打开通义万相网站，并登录账号（见图3.136）。

图3.136 通义万相网站

步骤4： 选择左侧菜单中的"文字作画"（见图3.137），选择生图模型（见图3.138），在提示词框中输入微信头像的画面描述（见图3.139），并在创意模板—风格中选择图像风格（见图3.140），在底部的比例选择1:1（见图3.141），最后选择"生成创意画作"，右侧会显示四张生成的图像（见图3.142）。

参考提示词：女孩，黑色的长发，黑色的眼睛，浅粉色的腮红，魔发精灵，卡通，可爱。

参考风格：厚涂原画。

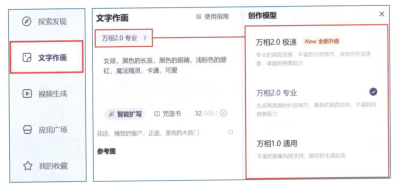

图3.137 单击文字作画　　图3.138 选择绘画模型　　图3.139 输入画面描述

图3.140　选择图像风格　　　　　　　图3.141　选择1∶1比例

图3.142　四张生成图像

3. 设计练习

请设计一个既现代又个性化的微信头像。要求融合科技元素（如电路板纹理、数据流动线条）与个人兴趣符号（如音乐音符、书籍轮廓），色彩上采用冷暖对比，营造出既冷静思考又充满热情的双重氛围。最终作品需展现独特的个人风格，适合作为科技爱好者兼文艺青年的微信形象标识。

任务二　项目配图

1. 设计要求

在AI技术飞速发展的当下，公司各类商业文档的配图需求得以高效满足。无论是项目报告、商业计划还是宣传资料，AI图像工具都能够根据文本内容迅速生成匹配的图片，大幅节省了搜索和筛选配图的时间。现在有一份室内装修设计提案需要几张效果配图，其装修风格是现代简约，请你为这个提案快速设计几张高质量的装修效果图，让整个设计提案图文并茂，提升文档的整体专业度和吸引力。

2. 设计过程

步骤1：构思效果图位置和风格，打开"文心一言"页面，登录账号后，在输入框（见图3.143）中输入文字内容，让AI帮助你编写室内设计的提示词（见图3.144）。

图3.143　文心一言文字输入框

输入文字参考：

我想设计现代风格的客厅效果图，请你帮我生成现代客厅装修风格的提示词，设计要求实用又美观，能够满足人们对理想生活空间的向往。

请根据以上要求生成Midjourney的正向提示词和反向提示词，提示词的词与词之间用逗号隔开，并且正向提示词需要描述客厅的软装搭配、颜色、装饰、数量等，正向和反向提示词都需要给出一份中文提示词和一份英文提示词。

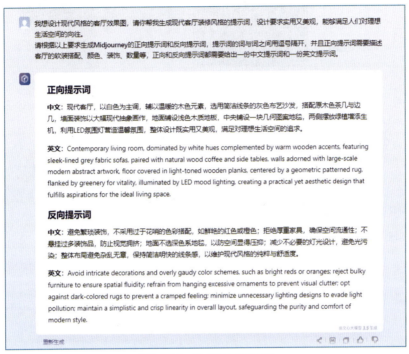

图3.144　生成提示词内容

步骤2： 百度搜索LiblibAI（见图3.145）。

步骤3： 打开LiblibAI网站，登录账号后，在LiblibAI的模型广场中选择"建筑及空间设计"，并在右侧的筛选中选择"Checkpoint"，在显示的结果中（见图3.146），选择一个合适的设计风格，并单击进入展示页面。

图3.145　输入LiblibAI

图3.146　筛选结果

步骤4： 在展示的页面中，选择右侧的"加入模型库"后（见图3.147），选择左侧的"在线生图"，进入室内效果图的生成。

图3.147　加入模型库

步骤5： 模型（CHECKPOINT）选择"老王SDXL建筑大模型_入门版"，输入文心一言给出的正向提示词和反向提示词（见图3.148）。

步骤6： 设置"生图"部分的参数（见图3.149）。

图3.148　选择模型和输入提示词　　　　图3.149　"生图"参数设置

步骤7： 单击右侧的"开始生图"按钮（见图3.150），生成图像后，单击底部的"下载"按钮（见图3.151），选择需要下载的图像，单击"保存到本地"，选择"直接下载"。

图3.150　开始生图　　　　图3.151　下载图像

步骤8：通过此方法还能生成该风格的其他房间的室内设计图（见图3.152）。

图3.152　室内设计图

3. 设计练习

为一份关于健康生活方式的商业计划书设计一张封面配图。设计需包含健康元素，如新鲜蔬果、运动器材或自然风光，色彩要鲜明且给人以积极向上的感觉。配图应简洁大方，易于传达健康生活的主题，同时与商业计划书的调性和目标受众相契合，提升文档的视觉吸引力和专业度。

任务三　广告设计

1. 设计要求

在日常生活中，我们随处可见各类广告宣传，包括海报、横幅、社交媒体及电商平台广告。这些广告设计往往图像精美、排版优秀。过去，若普通人想要自行设计海报，需掌握大量的设计知识与排版技巧，且最终效果可能不尽如人意。然而，在AI技术普及的今天，借助各类AI工具，我们可以轻松制作出精美的日签或便签海报，现在我们需要针对"春暖花开"这个主题设计一张竖版的宣传海报，请你利用各种AI工具为这个春天增加一抹独特的色彩吧！

2. 设计过程

步骤1：构思海报设计排版。打开"文心一言"页面，登录账号后，在输入框（见图3.153）中输入文字内容，让AI帮助你编写室内设计的提示词（见图3.154）。

输入文字参考：

我想设计一张以春暖花开为主题的宣传海报，请你帮我生成这张海报的提示词，设计要求尺寸比例为16∶9，画面需要具有春天的感觉。

请根据以上要求生成Midjourney的正向提示词和反向提示词各一段，提示词的词与词之间用逗号隔开，正向和反向提示词都需要给出一份中文提示词和一份英文提示词。

图3.153　文心一言文字输入框

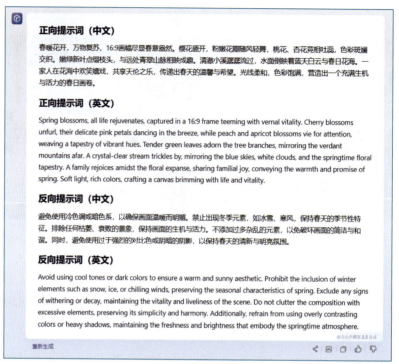

图3.154 生成提示词内容

步骤 2: 生成海报背景。在浏览器中输入"百度一下"（见图3.155），打开百度搜索页面，在搜索框中输入LiblibAI（见图3.156）。

步骤 3 打开LiblibAI网站，登录账号后，在LiblibAI的模型广场右侧的筛选中选择Checkpoint，在显示的结果中（见图3.157），选择一个合适的设计风格，并单击进入展示页面。

图3.155 输入"百度一下"

图3.156 输入LiblibAI

图3.157 筛选结果

单元三　运文生图：AIGC图像类应用

步骤 4： 在展示的页面中，单击右侧的"加入模型库"按钮（见图3.158）后，再单击上方的"立即生图"按钮，进入图像的生成。

图3.158　加入模型库

步骤 5： 在图像生成页面中，选择刚才加入的模型"魔法水墨晕染万能插画绘本|anything"，输入文心一言给的正向提示词和反向提示词的英文内容（见图3.159）。

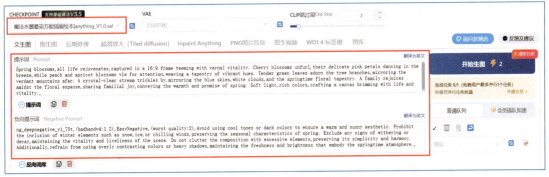

图3.159　模型和提示词设置

步骤 6： 设置左侧底部的"生图"参数（见图3.160），再启用ADetailer模块设置，模型选择mediapipe_face_full（见图3.161）。

步骤 7： 单击右侧的"开始生图"（见图3.162），生成图像后，单击底部的"下载"（见图3.163），选择需要下载的图像，单击"保存到本地"，选择"直接下载"（见图3.164）。

步骤 8： 生成海报标题。搜索"通义万相"，登录账号后，选择"应用广场"中的"艺术字"（见图3.165）。

图3.160　"生图"参数设置

图3.161　ADetailer模块设置

图3.162　单击"开始生图"

图3.163　单击底部的"下载"

图3.164　选择"直接下载"

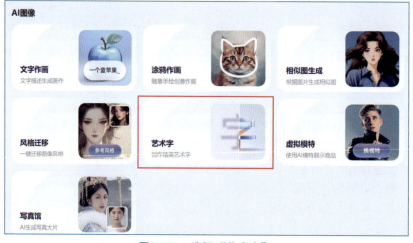

图3.165　选择"艺术字"

步骤9： 在艺术字页面中的左侧功能区中，输入文字内容，选择文字风格和图片比例，图片背景选择"透明背景"，其他设置见图3.166。设置完成后单击"生成创意艺术字"，即可生成四张艺术字图像（见图3.167）。

文字内容：春暖花开。
文字风格：立体材质—繁花盛开。
图片比例：16∶9。
图片背景：透明背景。

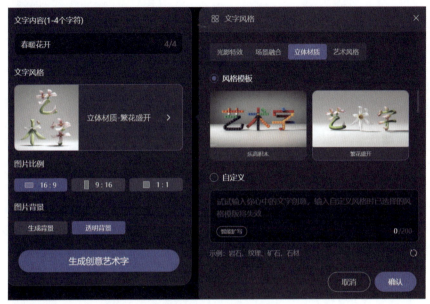

图3.166　艺术字设置

图3.167　四张艺术字图像

步骤10：选择自己认为效果比较好的艺术字，将光标放在图片上即可单击"下载"（见图3.168）。

步骤11：合成海报元素，搜索"美图设计室"（见图3.169），登录账号后，选择左侧的"创建设计"（见图3.170）。

图3.168　下载艺术字

图3.169　搜索美图设计室

图3.170　创建设计

步骤12：在弹出的下拉菜单中选择"自定义尺寸"，设置宽为496，高为1 024，单击"创建"按钮（见图3.171）。在新建的页面中，选择左侧菜单的"模板"（见图3.172），双击选择合适的模板效果，即可添加模板设计。

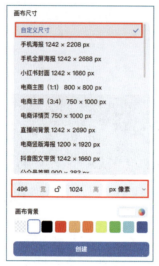
图3.171　自定义尺寸

图3.172　选择模板

步骤13: 在右侧菜单中的画布背景处单击"替换"按钮（见图3.173），在弹出的面板框中单击第三个按钮"本地上传"，再单击"上传图片"按钮（见图3.174），用之前利用AI生成的背景图替换现有背景图。

图3.173　单击"替换"

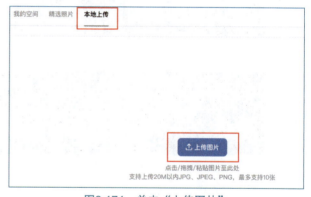
图3.174　单击"上传图片"

步骤14: 单击左侧菜单中的"添加"按钮，选择"本地上传"按钮（见图3.175），将之前生成的艺术字上传到海报中，将制作好的素材全部添加到画面中（见图3.176）。

图3.175　选择"添加"和"本地上传"

图3.176　全部素材插入后效果

单元三　运文生图：AIGC图像类应用

步骤15：此时海报排版比较乱，需要调节画面的各个元素排版，整体设计完毕，单击右上角的"下载"按钮（见图3.177），会员可以无水印下载。

图3.177　单击右上角的"下载"

3．设计练习

现在为一家时尚服装品牌的春季新品促销活动设计一张社交媒体广告海报。目标受众为18～30岁的时尚意识强烈的年轻消费者。要求：海报需突出春季新品的时尚特色和明确的促销信息"新品上市8折优惠"。设计应融入春日元素，如花卉、明亮色彩，并明确标注促销时间"4月1日至4月30日"。海报旨在激发年轻消费者的购买欲望，增强品牌在社交媒体上的互动和关注度。

任务四　艺术插画

1．设计要求

艺术家通常被视为一个高不可攀的职业领域。艺术绘画和插画创作往往需要一定的艺术技巧，这使得即使我们心中充满了各种奇思妙想和创新构思，也可能因技能不足而无法实现。幸运的是，AI画笔工具的出现，使得将我们的想象力转化为现实成为可能。使用AI画笔，我们可以轻松绘制出心中的画面，并且这些作品可以应用于书籍封面、海报、纪念品等多个领域。下面，我们将探讨利用AI绘制艺术插画的基本步骤。

2．设计过程

步骤1：构思艺术插画的画面元素。打开"文心一言"页面，登录账号后，在输入框（见图3.178）中输入文字内容，让AI帮助你编写室内设计的提示词（见图3.179）。

图3.178　文心一言文字输入框

输入文字参考：

我想设计一张中国风的艺术插画，设计要求：尺寸比例16:9，画面需要有白鸽、梅花鹿、笑脸、画面整体橙黄色调、中国风、小河。

请根据以上要求帮我生成一份这张海报的图像提示词，提示词的词与词之间使用逗号隔开，正向和反向提示词都需要给出一份中文提示词和一份英文提示词。

图3.179　生成提示词内容

步骤2： 在浏览器中搜索"百度一下"（见图3.180），打开百度搜索页面。

图3.180　搜索"百度一下"

步骤3： 在百度的搜索框中输入"LiblibAI"（见图3.181），打开LiblibAI网站，并登录账号。

图3.181　搜索LiblibAI

步骤 4： 在LiblibAI的模型广场中找到自己想要的插画风格（见图3.182）。

图3.182　选择插画风格

步骤 5： 在打开的页面中（见图3.183），首先查看底部的注意事项，然后单击右侧的"立即生图"按钮。

图3.183　模型信息页面

步骤 6： 在立即生图的页面中，可以在提示词部分输入刚才写好的关键词，设置好底部的生图参数（见图3.184），然后再单击右侧的"开始生图"按钮（见图3.185），此时即可开始生成图像。

步骤 7： 图像生成完毕，此时，仍可以根据自己的需求选择继续优化或者直接下载。需要优化直接修改关键词即可，不需要优化直接单击"下载"（见图3.186）按钮下载原图，生成的图像效果图如图3.187所示。

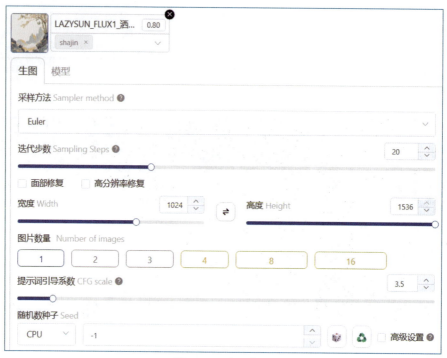

图3.184 生图参数

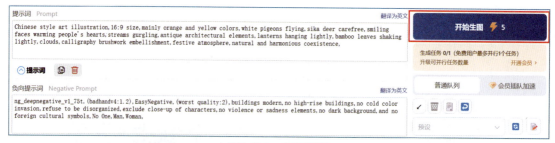

图3.185 生图界面

图3.186 单击"下载"按钮

图3.187 生成图像效果

3. 设计练习

利用AI画笔工具，创作一幅描绘未来城市的插画。练习要求：想象一个充满科技感和绿色生态的未来城市景观，包括高楼大厦、飞行交通工具和繁茂的植物。插画应展现出未来世界的和谐与进步，同时保持艺术性和创新性。完成的作品可用于科幻小说的封面设计或未来主题展览的宣传海报。

任务五　图像修复

1. 设计要求

无论是生活照精修还是工作图处理，生活中我们常面临各种图像处理的需求，如去除背景、消除瑕疵、修复图像清晰度以及图像放大等。借助AI工具，这些图像处理任务可以迅速完成，即便是图像处理新手也能轻松操作，实现专业级别的图像编辑效果。

2. 设计过程

步骤1： 通过百度搜索"美间"（见图3.188），单击链接并登录账号。

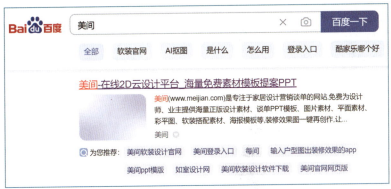

图3.188　搜索"美间"

步骤2： 在首页的左侧面板找到"AI工具箱"，选择"智能抠图"（见图3.189）。

步骤3： 单击"上传图片"（见图3.190），上传需要处理的图像。

步骤4： 等待AI自动抠图，抠图完成单击下方的"下载"按钮（见图3.191），即可将抠图完成的图像下载。

图3.189　智能抠图

图3.190　上传图片

图3.191 单击"下载"按钮

步骤5: 其他的一些图像处理（见图3.192）比如：AI真实增强、AI智能扩图、AI漫画脸等操作均和步骤1~4类似，在此就不过多赘述，读者可根据需求自行选择。

图3.192 其他功能

3. 设计练习

使用AI图像处理工具，对一张模糊的旅行照片进行清晰度修复和尺寸放大。练习要求：首先，通过AI工具提高照片的清晰度，恢复细节；其次，将照片尺寸扩大至适合打印的海报大小，同时保持图像质量不受影响。通过此练习，掌握AI工具在图像修复与扩图中的应用技巧。

任务六 其他场景

1. 设计要求

在图像处理和创作领域，除了图像生成、广告设计、插画绘制和图像编辑等常见需求，还存在其他专业需求，例如产品拍摄、商业产品图设计、创意绘本、室内效果图设计等。以产品拍摄为例，在我们不是一个专业的摄影师和修图师的情况下，利用AI图像工具也能帮我们制作一个合适的商业级别的产品展示图。

2. 设计过程

步骤1： 拍摄需要制作的产品（见图3.193）。

图3.193　产品原图

步骤2： 在浏览器网址栏输入：https://www.meijian.com/e-commerce（见图3.194）。

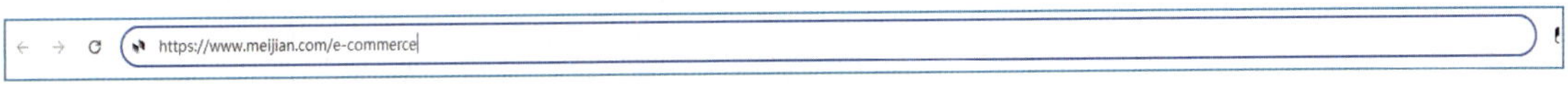

图3.194　输入网址

步骤3： 单击"上传商品图"按钮，上传拍摄好的商品图（见图3.195）。

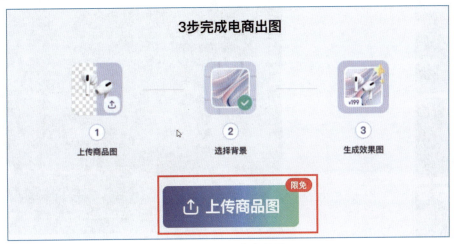

图3.195　上传商品图

步骤4 上传产品图后美间会自动抠图，此时在右侧的背景中选择合适的背景图（见图3.196），调节好产品和背景的位置和大小，单击"AI生成场景图"按钮。

步骤5： 生成完成后，从左侧图像中选择一张优秀的图像，光标移动到图像上可以选择继续扩图、消除或者直接下载（见图3.197）。

图3.196　选中右侧背景图

图3.197　生成完成

3. 设计练习

在AI技术的支持下，为一款高端护肤霜创建一组展示图像。这组图像应当凸显产品的奢华感与有效性，同时传递出品牌的核心价值。图像中需要包含产品的多个角度展示，从瓶身设计到包装细节，以及产品在不同场景下的展示，背景必须贴合高端护肤霜的品牌定位。

知识拓展

一、图像生成中的新兴趋势与技术

图像生成是计算机视觉领域的一个重要研究方向，其新兴趋势与技术主要体现在以下几个方面：

1. 深度学习驱动的高保真度生成

随着深度学习技术的飞速发展，图像生成模型如生成对抗网络、VQ-GAN、扩散性模型等正在实现前所未有的高保真度图像生成。它们就像魔术师一样，能把简单的数据变成细节满满、逼真度爆表的图片，有时候你甚至需要仔细观察才能分辨出真假。预计未来几年，这类模型将进一步优化，使生成的图像在质感、光影、空间感等方面更趋近于真实世界。

2. 个性化与交互式创作

未来的图像生成技术将更加注重用户的个性化需求与创作参与度。通过先进的自然语言处理技术，用户将能以更直观、自然的方式与AI进行对话，如通过文本描述精确引导图像生成，或实时调整生成结果的特定元素。此外，AI将更好地理解用户的审美偏好与风格特征，为每位用户提供定制化的创作体验。

3. 跨媒介融合与创新应用

图像生成将不再局限于单一的视觉艺术领域，而是与音乐、文学、游戏、影视等多媒介形式深度融合，催生出全新的跨媒介创作形式。同时，它将在广告设计、虚拟现实、数字孪生、医疗影像等诸多行业中发挥重要作用，推动创新应用的爆发式增长。例如，在虚拟现实和增强现实技术中，图像生成技术可以用于场景和物体的生成，为用户提供更加沉浸式的体验。在游戏开发中，图像生成技术可以用于创建丰富的游戏场景和角色，提升游戏的视觉效果和吸引力。

4. 主流模型与技术的演进

扩散模型：扩散模型通过定义一个扩散步骤的马尔可夫链，通过连续向数据添加随机噪声，直到得到一个纯高斯噪声数据，然后再学习逆扩散的过程，经过反向降噪推断来生成图像。扩散模型在训练稳定性和结果准确性的效果提升明显，因此迅速取代了GAN的应用。其优点在于能够更准确地还原真实数据，对图像细节的保持能力更强，因此生成图像的写实性更好。但由于计算步骤的繁杂，相应地也存在采样速度较慢的问题，以及对数据类型的泛化能力较弱。

CLIP：CLIP是基于对比学习的文本—图像跨模态预训练模型，其训练原理是通过编码器分别对文本和图像进行特征提取，将文本和图像映射到同一表示空间，通过文本—图像对的相似度和差异度计算来训练模型。CLIP能够显著提升生成图像的速度和质量，对于跨模态图像生成需求具有重要意义。然而，CLIP本质上属于一种图像分类模型，因此对于复杂和抽象场景的表现存在局限性。另外，CLIP的训练效果依赖大规模的文本—图像对数据集，对训练资源的消耗比较大。

5. 商业化落地与合规性挑战

在商业化落地方面，图像生成技术面临着数据、产品化、监管合规等多方面的挑战。为了提升生成速度和稳定性，增强可控性和多样性，同时保障数据隐私和知识产权，需要不断进行技术创新和合规性探索。例如，通过优化算法和模型结构，提高生成图像的质量和效率；通过加强数据管理和加密技术，保障用户数据的安全性和隐私性；通过积极与监管机构沟通合作，推动相关法规的制定和完善。

二、图像生成伦理问题与版权保护

图像生成技术的迅猛发展为创意产业带来了革命性的变化，但同时也催生了一系列伦理和法律问题。例如，深度伪造技术（deepfakes）的兴起，使得人们可以轻易地制造出逼真的假视频，这不仅误导了公众，有时还会引发社会恐慌。

另外隐私权的侵犯也是一个需要关注的问题。比如：AI系统在未经授权的情况下使用个人图像进行训练，可能会生成与个人极为相似的虚拟形象，这不仅侵犯了个人的肖像权，还可能对个人的名誉造成损害。如果一些名人的肖像被用于生成虚假广告，误导消费者，不仅给当事人带来了不小的困扰也还危害了消费者的权益。

在版权问题上同样不容忽视。AI生成的图像或作品，虽然可能具有一定程度的独创性，但其版权归属仍是模糊不清。2018年，一幅由AI生成的肖像画在佳士得拍卖行以43.25万美元的价格成交（见图3.198），引发了艺术界和法律界对AI作品版权的广泛讨论。为了应对这些挑战，需要制定明确的法律法规，确立AI作品的版权归属，同时加强对技术的监管，确保技术的正当使用，保护创作者的权益和公众的利益。

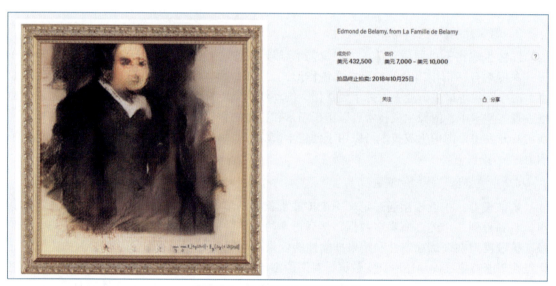

图3.198　佳士得拍卖行官网信息

单元总结

在本单元的学习中，深入探讨了AIGC图像生成与编辑技术，涵盖了从理论到实践的各个方面，全面了解了其基本概念、核心技术和运用场景。通过学习生成对抗网络、变分自编码器、扩散模型等关键技术原理，掌握了图像生成的过程和应用。同时，通过研究AIGC图像生成技术在广告业、影视制作、游戏设计等多个领域的应用案例，感受到了其在现代社会中的重要地位。

在实操部分，通过案例实操巩固了所学知识，提高了图像生成与编辑技能，并激发了创作热情。此外，还探讨了图像生成技术的新兴趋势与技术、伦理问题与版权保护以及人类生成与人工智能生成的差异。随着技术的不断进步和应用场景的拓展，AIGC图像生成与编辑技术将在更多领域发挥重要作用，为生活和工作带来更多惊喜和便利。

本单元的学习不仅加深了对AIGC图像生成技术的理解，而且通过实际操作提升了相关技能。通过案例分析和实操练习，增强了将理论知识应用于实际问题解决的能力。同时，对图像生成技术的未来发展趋势、伦理挑战和版权保护问题有了更深入的认识，为未来在该领域的进一步学习和研究打下了坚实的基础。随着AIGC技术的不断发展，其在各个行业的应用将更加广泛，为社会带来更多创新和价值。

单元测验

一、单选题（每题4分，共16分）

1. AIGC图像生成技术主要依赖于哪种深度学习模型？
   A. 生成对抗网络（GAN）　　　　　　B. 循环神经网络（RNN）
   C. 卷积神经网络（CNN）　　　　　　D. 自编码器（AE）
2. 下列哪个工具不属于文档中提到的AI图像生成工具？
   A. 通义万相　　　　　　　　　　　　B. 奇域AI
   C. Adobe Photoshop　　　　　　　　D. LiblibAI
3. 在图像生成过程中，生成对抗网络（GAN）的哪一部分负责尝试生成尽可能真实的图像？
   A. 生成器（generator）　　　　　　B. 鉴别器（discriminator）
   C. 编码器（encoder）　　　　　　　D. 解码器（decoder）
4. 扩散模型在AIGC中的应用主要是基于什么理论？
   A. 增强学习理论　　　　　　　　　　B. 对抗学习理论
   C. 扩散过程理论　　　　　　　　　　D. 自注意力机制

二、多选题（每题6分，共18分）

1. 下列哪些是AIGC图像生成技术的核心技术原理？（多选）
   A. 生成对抗网络（GAN）　　　　　　B. 变分自编码器（VAE）
   C. 卷积神经网络（CNN）　　　　　　D. 扩散模型
   E. 基于自注意力机制的神经网络模型
2. 文档中提到的AI图像生成工具，它们的主要功能有哪些？（多选）
   A. 文生图　　B. 图生图　　C. 图像修复　　D. AI扩图
   E. 3D建模
3. AIGC图像生成技术在哪些领域有重要应用？（多选）
   A. 广告业　　B. 影视制作　　C. 游戏设计　　D. 医疗诊断
   E. 建筑行业

三、判断题（每题3分，共6分）

1. 生成对抗网络（GAN）中的生成器和鉴别器是相互协作的，而不是对抗的。（　　）
2. 奇域AI工具主要侧重于新中式美学艺术风格。（　　）

四、任务实操（每题30分，共60分）

1. 项目配图设计：假设你需要为一份商业计划书设计一张封面配图。请使用本单元中提到的任一AI图像生成工具，根据以下要求完成任务：
   • 提示词：创新科技、商业计划、未来展望。

- 风格要求：现代简约，色彩鲜明。
- 宽高尺寸比例：9∶16。
- 请上传你设计的封面配图，并简要说明设计思路和过程。

2. 广告设计：假设你需要为一款新上市的智能手机设计一张社交媒体广告海报。请使用本单元中提到的任一AI图像生成工具，根据以下要求完成任务：
- 产品特点：高性能、拍照功能强大、时尚外观。
- 目标受众：年轻消费者。
- 风格要求：潮流、活力四射。
- 必须包含的元素：产品实物图、促销信息（如"限时优惠"）。
- 请上传你设计的广告海报，并简要说明设计思路和过程。

单元四

文生影音：AIGC视频声音类应用

📖 情境导入

随着AIGC技术的不断进步，声音与视频的生成技术正经历着从传统方法到智能化创新的重大转变。本单元的内容聚焦于AIGC技术在声音与视频生成中的应用，旨在引导读者理解并掌握这一新兴领域的核心技术及其在实际中的应用。

在本单元中，我们将系统地学习AIGC技术如何应用于声音与视频的生成与处理。具体而言，将探索深度学习、神经网络等人工智能技术如何推动声音合成、视频生成、多模态内容生成等领域的发展，深入了解这些技术背后的核心原理及其实现方法。这不仅涉及技术层面的深入探讨，还包括如何使用这些技术进行高效的内容创作与优化。

同时，本单元将介绍一系列主流的AIGC工具，如AI音频生成工具、智能视频剪辑工具、跨模态内容生成平台等。通过具体案例的操作，熟悉这些工具的功能与操作流程，从而能够在不同的创作场景中自如运用。例如，在视频生成任务中，我们将掌握如何使用AI模型生成或编辑视频内容，并将其与音频进行高效地同步与合成。

📖 学习目标

1. **知识目标**

- 理解声音与视频生成技术原理：深入理解AIGC技术在声音与视频生成中的基本概念、工作原理及核心技术，包括GAN、神经网络模型、深度学习在声音合成与视频生成中的应用等。
- 掌握技术应用领域：熟悉声音与视频生成技术在电影制作、广告创意、游戏开发、数字媒体、虚拟现实等多个领域的应用案例，了解这些技术在不同场景中发挥的重要作用。
- 了解工具功能特性：了解并掌握多种国内主流的AIGC声音与视频生成工具的功能特性和使用方法，如深度音频合成工具、自动视频编辑软件、多模态内容生成平台等，以及这些工具在生成与编辑中的独特优势。

2. **技能目标**

- 声音与视频生成及编辑技能：通过实操练习，掌握使用AI工具进行声音生成与视频编辑的基本技能，包括生成音效、音乐合成、视频剪辑、视觉与音频同步处理等。

- 创意设计与制作能力:运用AIGC技术提升在声音设计与视频制作中的创意能力,能够根据不同的项目需求与场景,设计出具有创新性与吸引力的音视频作品。
- 跨工具应用能力:学会将多种声音与视频生成工具结合使用,提高生成与编辑的效率和质量,能够灵活运用这些工具解决实际问题,并在创作中形成自己的风格。

3. 素质目标

- 创新思维:培养学习者在声音与视频生成过程中不断创新的思维,鼓励学习者大胆尝试新技术与新工具,提升作品的创意性与独特性。
- 团队合作能力:通过项目实践,增强学习者的团队合作意识与能力,通过协作提升整体的创作效率与作品质量,推动团队共同进步。
- 问题解决能力:面对声音与视频生成及编辑过程中的各种技术挑战,培养学习者的分析问题与解决问题的能力,学会有效地识别问题、制定解决方案,并持续优化创作过程。

知识链接

在数字时代,视频生成技术已成为计算机视觉和人工智能领域中的一项重要技术。通过深度学习、计算机图形学和算法的结合,视频生成技术能够自动创建动态内容,甚至模拟现实世界中的复杂场景与动作。这项技术在影视制作、游戏开发、虚拟现实、广告设计等领域展现出广泛的应用潜力。

声音生成技术的核心概念包括声音的频率、幅度、时长等基本属性的分析与合成。通过对大量声音数据的学习,生成模型能够自动生成高质量的声音。关键技术包括基于谱分析的算法,如傅里叶变换和梅尔频谱,以及基于深度学习的GAN和VAE。这些技术可以生成从自然语言语音合成(如文本转语音TTS)到复杂的音乐片段和音效合成。

视频生成技术的核心在于将图像生成与时间轴上的连续性相结合,生成连贯的视频流。其基本概念包括视频的空间维度(帧)与时间维度的同步,关键技术则涵盖深度生成模型(如GAN)、时序生成网络(如LSTM),以及三维重建、动作捕捉等方法。这些技术能够生成从静态到动态的高质量内容。

声音与视频生成技术的结合,不仅让创意和内容制作的过程更加高效,还开辟了智能化、自动化的创新路径。通过深度学习算法,系统能够在时间和空间维度上同步生成连贯的音视频内容,模拟现实或创造虚拟世界。这些技术极大提升了多媒体内容的生产效率,推动了影视、游戏、广告等领域的变革与发展,同时为创作者带来了更大的自由和表达空间。

一、声音生成技术概述

1. 声音生成技术的定义

声音生成技术是指利用人工智能技术,通过算法生成语音、音效或音乐的过程。这些技术通常基于深度学习模型,通过对大量音频数据进行训练,使模型能够生成自然、流畅且符合特定要求的声音内容。

2. 核心技术原理

声音生成的核心技术原理主要包含以下几个方面:

(1)神经网络模型

声音生成技术依赖于深度神经网络(见图4.1),特别是循环神经网络(RNN)和转换模型

（Transformer）在语音合成中的应用。这些模型能够捕捉声音数据中的时序特征，生成与人类语音相似的音频信号。

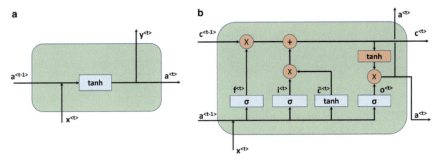

图4.1　神经网络模型

（2）GAN

GAN技术在声音生成中用于合成高质量的音频，通过生成器与判别器的对抗训练，实现声音的高保真生成。

（3）自动编码器（Autoencoders）

在声音生成过程中，自动编码器通过压缩与解压缩音频数据，生成有一定特征的音频内容，广泛用于声音风格转换与音乐生成领域。

3. 应用领域

（1）语音助手和智能客服。

（2）生成自然语音响应，提高用户互动体验。

（3）音乐创作：通过AI生成旋律与配乐，辅助音乐创作者。

（4）影视与游戏音效制作：利用生成技术自动生成背景音效与配音，减少人工录制的成本与时间。

二、视频生成技术概述

1. 视频生成技术的定义

视频生成技术指的是使用人工智能算法自动生成视频内容的技术。通过对图像、音频、文本等多模态数据的综合处理，AI能够生成具有视觉连续性和内容连贯性的视频片段。

2. 核心技术原理

视频生成的核心技术原理主要包含以下几个方面：

（1）卷积神经网络（CNN）

在视频生成中，CNN模型（见图4.2）用于处理和生成图像序列，通过逐帧合成的方式生成高质量的视频内容。

（2）GAN

GAN不仅应用于静态图像生成，还用于视频生成中，通过捕捉帧间关系，生成动态视频内容。

（3）深度强化学习

在视频生成的控制与优化过程中，深度强化学习能够根据目标反馈优化生成结果，确保视频内容与预期效果一致。

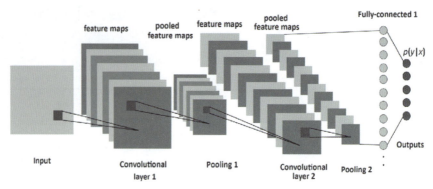

图4.2　卷积神经网络

3. 应用领域

（1）影视制作：利用AI生成虚拟场景、特效，减少实际拍摄的成本。
（2）广告创意：根据营销需求，快速生成个性化广告视频。
（3）虚拟现实与增强现实：通过生成逼真的虚拟视频内容，增强用户的沉浸体验。

三、影音生成工具介绍

1. 剪映专业版

剪映专业版（见图4.3）是一款全能易用的桌面端视频剪辑软件。它提供了丰富的视频编辑功能，包括但不限于卡点、去水印、特效制作、倒放、变速等，同时拥有专业风格的滤镜和精选贴纸，为视频创作增添乐趣。剪映专业版适用于Windows和Mac操作系统，旨在为用户提供便捷、高效的视频编辑体验。

软件的特点在于其简洁直观的用户界面和多样化的编辑工具，使无论是专业视频制作人还是业余爱好者都能轻松上手并能创作出高质量的视频内容。此外，剪映专业版还支持多轨音视频剪辑，一键添加的专业曲线变速效果，让视频编辑更加灵活和高效。

得益于近年来AIGC的发展，剪映依托字节跳动在功能的集成上整合了智能文案、一键成片、智能字幕、数字人、克隆声音等众多AI算法及玩法功能。

图4.3　剪映专业版

2. 腾讯智影

腾讯智影（见图4.4）是一款由腾讯公司开发的云端智能视频创作工具，它无须下载，通过PC浏览器即可直接访问，提供了视频剪辑、素材库、文本配音、数字人播报、自动字幕识别等一系列功能，旨在帮助用户更好地进行视频化表达。智影的视频剪辑功能专业且易用，支持多轨道剪辑、添加特效与转场、素材添加、关键帧、动画、蒙版、变速、倒放、镜像、画面调节等，用户上传本地素材后可实时剪辑，无须等待。其文本配音功能可将文本直接转化为语音，提供近百种仿真声线，适用于多种场景；数字人播报则支持多种风格的数字人形象和背景自定义，适用于新闻播报、教学课件制作等。此外，智影还能自动识别视频或音频生成中英文字幕，以及智能将横屏内容转换为竖屏，提高转换效率和质量。腾讯智影还具备"人""声""影"三个方面的能力，如数字人功能可以实现"形象克隆"，智影数字人还能进行直播，替代真人进行播报、访谈等操作。

图4.4　腾讯智影

3. 百度度加

百度度加（见图4.5），作为百度公司布局AIGC领域的核心产品，是一款集成了多项人工智能技术的创作平台，致力于为用户提供高效、便捷的内容生成体验。该平台以其AI成片功能为核心，用户只需上传素材，即可利用AI技术自动生成完整视频，极大地提升了创作效率。同时，AI数字人功能让用户能够轻松创建虚拟形象，应用于视频播报、演示等场景，丰富了内容表现形式。此外，百度度加还提供了智能编辑工具，涵盖剪辑、特效、字幕等视频制作环节，简化了复杂的传统编辑流程。为了全面辅助内容创作，平台还搭载了文案生成、图像识别等辅助功能，进一步拓宽了创作可能性。面向内容创作者、自媒体人、企业营销人员等用户群体，百度加度不仅展现了其在AIGC技术上的创新实力，也为整个内容创作行业带来了革命性的变革。随着技术的持续发展，百度加度正不断优化升级，旨在成为用户在智能内容创作道路上的得力助手。

图4.5　百度度加

4. 智谱清影

智谱清影（见图4.6）是智谱AI推出的一款AI视频生成模型，能将文字描述或图片转化为生动的视频。它支持文生视频和图生视频，操作简单，风格多样，生成速度快。只需输入一段文字或上传一张图片，就能在短短30秒内获得一段高清视频。电影的应用场景非常广泛，包括内容创作、教育培训、娱乐休闲等。无论是制作短视频、广告、动画，还是想将静态图片变为动态视频，清影都能满足你的需求。清影背后是智谱AI强大的技术支持，它代表了目前AI视频生成领域的先进水平。目前，清影面向所有用户免费开放，你可以在智谱清影App上体验到它的强大功能。

图4.6 智谱清影

5. 即梦AI

即梦AI（见图4.7）是一款功能强大的AI创作平台，它能将你的文字描述转化为生动的视觉作品，包括绘画和视频。无论你是想创作一幅独一无二的艺术作品，还是想制作一个创意十足的短视频，即梦AI都能满足你的需求。它支持AI绘画、AIGC视频创作，提供创意社区，让你轻松实现各种创意。即梦AI界面简洁直观，操作简单，无须专业绘画或视频制作技能。它不断更新迭代，增加更多有趣的功能，例如AI修复、AI换脸等。即梦AI能降低创作门槛，激发创作灵感，拓展创作边界，提高创作效率。你可以用它创作头像、插画、封面图、广告、宣传片、产品展示、教学视频、演示动画、表情包、短视频等。只需输入一段文字描述，选择风格，单击生成，就能获得你的作品。即梦AI支持多种语言的提示词，生成的图片或视频版权归用户所有，但平台有权使用这些作品进行展示和推广。

图4.7 即梦AI

6. 海绵音乐

海绵音乐（见图4.8）是一款由字节跳动推出的AI音乐创作工具，它允许用户通过简单的方

单元四 文生影音：AIGC视频声音类应用

式创作出属于自己的原创音乐。你可以通过输入歌词、选择曲风、调整音色等方式，来定制一首独一无二的歌曲。海绵音乐降低了音乐创作的门槛，即使没有专业的音乐知识，也能创作出属于自己的音乐。它支持多种音乐风格，从流行、摇滚到古典、民谣，应有尽有。海绵音乐的优势在于一键创作、自定义创作和多样化的音乐风格，但目前功能相对单一，歌词生成能力有限。

图4.8　海绵音乐

任务实施

任务一　视频制作

1. 设计要求

在当今信息化飞速发展的时代，人们更倾向于视频的形式获取信息，而"图文成片"便是一种较为快捷的方式；图文成片是将图像与文字相结合的一种表达形式，广泛应用于新闻报道、广告和社交媒体等领域，通过视觉和文本的互动增强信息传递效果。其设计通常包括特定的布局、字体和颜色选择，以提升可读性和美观度，传达情感和品牌形象。

图文成片能够快速吸引读者注意，图像展示事件现场，文字则提供必要的背景信息，增强报道的深度和可信度。在广告与营销中，图文成片通过视觉元素激发用户的情感反应，同时以简洁的文字传达产品特点和促销信息，提升品牌吸引力。

2. 设计过程

（1）图文成片

步骤1： 打开剪映专业版，在首页单击"图文成片"按钮（见图4.9），即可弹出图文成片面板。

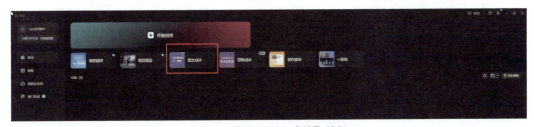

图4.9　单击"图文成片"按钮

步骤 2: 在"图文成片"面板中,选择左侧的"自定义输入"选项,输入"请以竹为主题,写一篇短视频文案,120字以内,突出竹的特点",单击"生成文案"按钮,即可开始智能创作文案(见图4.10)。

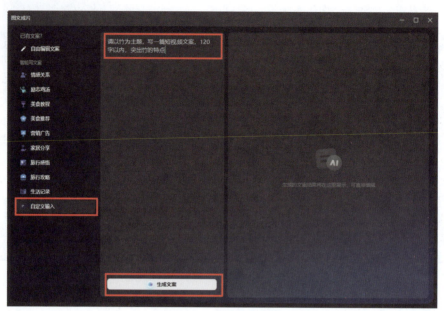

图4.10 智能创作文案

步骤 3: 稍等片刻,文案素材自动生成(见图4.11)。AI会提供三个文案,选择比较满意的一个,并进行适当调整,设置音色为"知识讲解",单击右下角的"生成视频"按钮,在弹出的"请选择成片方式"列表框中选择"使用本地素材"或"智能匹配素材"选项。在选择"智能匹配素材"选项时,AI会自动从网络中搜索最合适的素材,但是搜索生成的素材版权问题需要特别注意。

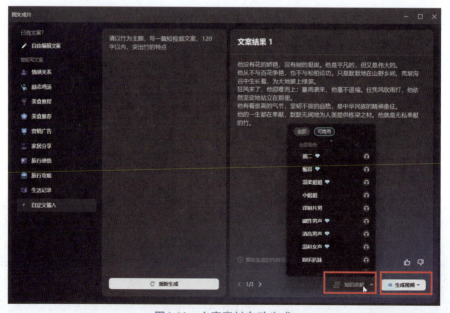

图4.11 文案素材自动生成

步骤 4：针对生成的视频进行细节优化调整（见图4.12）。

图4.12　进行细节优化调整

步骤 5：选择合适的分辨率及尺寸进行输出（见图4.13）。

图4.13　选择合适的分辨率及尺寸进行输出

（2）文章链接生成视频

目前，"图文成片"功能只支持头条号的文章链接，用户将复制的文章链接粘贴到对应的文本框中后，单击"获取文字"按钮，可以自动提取文章中的文本，在对文本进行适当的修改后，即可进行视频的生成。

步骤 1：打开今日头条网页版（见图4.14），在主页的搜索框中输入文章关键词"人像摄影审美"，单击右边的搜索按钮，即可进行搜索。

图4.14 今日头条网页版

步骤 2: 在"头条搜索"页面中(见图4.15),单击相对应文章的标题,即可进入文章详情页面,查看这篇文章。

图4.15 "头条搜索"页面

步骤 3: 在文章详情页面的左侧,将光标移至"分享"按钮上,在弹出的列表中选择"复制链接"选项(见图4.16),即可弹出"已复制文章链接去分享吧"的提示,完成文章链接的复制。

图4.16 文章链接的复制

步骤 4: 在剪映首页单击"图文成片"按钮,弹出"图文成片"面板,在左侧选择"自由编辑文案"选项,进行文案的生成(见图4.17)。

单元四　文生影音：AIGC视频声音类应用

图4.17　文案的生成

步骤 5: 进入"自由编辑文案"界面（见图4.18），在左下方单击"链接"按钮，即可弹出链接粘贴框，粘贴链接地址，即可获取文章的文字内容，并自动将文字填写到文字窗口中。

图4.18　进入"自由编辑文案"界面

步骤 6: 调整获取的文本内容。设置朗读音色为"新闻男声"，单击"生成视频"按钮（见图4.19），在弹出的"请选择成片方式"列表框中，选择"智能匹配素材"选项，即可开始生成视频。

步骤 7: 根据需要对素材进行替换以及调整（见图4.20）。

提示：本案例主要是为了演示使用文章链接生成视频和智能匹配素材的方法与效果，用户在实际操作时，最好添加自己的素材来制作视频。这样既能获得更独特和更个性的视频效果，又能避免版权问题。

图4.19　开始生成视频

图4.20　根据需要对素材进行替换以及调整

（3）文字转配音

在处理配音上，以往传统是将文稿给配音公司进行录制，其间还需要进行多次修改，沟通成本上升。现在通过AI实现起来简单高效。

步骤1：打开剪映，单击"开始创作"（见图4.21）。

步骤2：添加文本素材（见图4.22）。选择"文本"→"默认文本"→"添加到轨道"。

步骤3：编辑内容素材（见图4.23），在编辑框输入所需要的文字，根据需要调整字体、字号、颜色、位置等。

单元四　文生影音：AIGC视频声音类应用

图4.21　单击"开始创作"

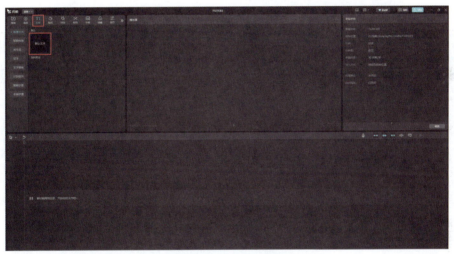

图4.22　添加文本素材

图4.23　编辑内容素材

步骤 4: 选择朗读,试听内容效果(见图4.24)。

图4.24 试听内容效果

步骤 5: 根据需要选择音色(见图4.25)。

图4.25 选择音色

步骤 6: 音轨自动生成(见图4.26)。

图4.26 音轨自动生成

单元四　文生影音：AIGC视频声音类应用

步骤 7: 导出音频（见图4.27）。

图4.27　导出音频

3. 设计练习

无论是营销广告、简单宣传，还是简单的课程制作，都可以展现出创作者的独特风格。请你发挥无限创意，设计一段独特且富有吸引力的营销广告。这段图文可以是数码产品，也可以是日用品，或是结合个人兴趣与特点，最终作品应体现出介绍物品的属性，事实清楚、逻辑清晰。

任务二　音频制作

1. 设计要求

在这个充满创意与表达的时代，音频作品同样展现了个性与风格。无论是背景音乐、播客配音，还是音效设计，每一段音频都有其独特的韵味。例如，一个引人入胜的播客开场音效可以成为听众记忆中的标志。请你发挥无限创意，设计一段独特且富有吸引力的音频作品。这段音频可以是轻松愉悦的旋律、深情的配音，或是结合个人特色的音效设计。要求能够体现创作者的个性与情感，同时在听觉上引人入胜，让人难以忘怀。让你的音频作品成为数字世界中的一抹亮色，引领音频创作的潮流。

2. 设计过程

步骤 1: 在浏览器中搜索"百度一下"，打开百度搜索页面（见图4.28）。

图4.28　搜索"百度一下"

步骤 2: 在百度的搜索框中输入"海绵音乐"（见图4.29）。

图4.29　在百度的搜索框中输入"海绵音乐"

步骤3: 打开海绵音乐网站（见图4.30），并登录账号。

图4.30 海绵音乐网站

步骤4: 选择左侧菜单中的"创作"，在灵感词框中输入"假期游玩轻音乐"（见图4.31）。

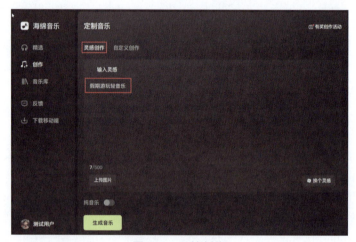

图4.31 开始创作

步骤5: 选择"纯音乐"选项（见图4.32）。

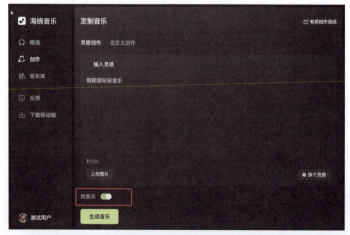

图4.32 选择"纯音乐"选项

单元四　文生影音：AIGC视频声音类应用

步骤 6: 单击"生成音乐"按钮（见图4.33）。

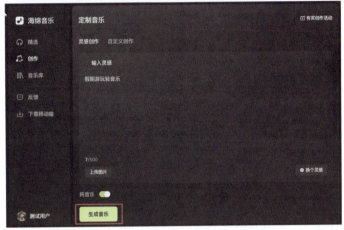

图4.33　单击"生成音乐"按钮

步骤 7: 可以在右侧的选框中分别选择生成的三段音乐进行试听（见图4.34），最后确定自己喜欢的版本。

图4.34　选择自己喜欢的版本

步骤 8: 选择右侧的"分享"按钮 ，（见图4.35），然后单击"下载视频"按钮进行下载。

图4.35　下载视频

步骤9: 在浏览器下载选框中（见图4.36），就可以找到已下载的音乐。

图4.36　浏览器下载选框

3. 设计练习

无论是独特的铃声、播客开场音乐，还是充满个性的音频名片，都可以展现出创作者的独特风格。例如，一个引人注目的播客开场音效，能够瞬间吸引听众的注意力，并为内容营造氛围。请你发挥无限创意，设计一段独特且富有吸引力的音频片段。这段音频可以是动感的旋律、带有科技感的音效，或是结合个人兴趣与特点的配音。要求音频作品能融合科技元素（如电子音效、数据流动的声音）与个人兴趣（如音乐、文学、电影对白等），通过对节奏、音色、声场的控制，展现出既前卫又有内涵的双重氛围。最终作品应体现出创作者的个性，适合作为一位科技爱好者兼文艺青年的音频标识。

任务三　影音合成

1. 设计要求

在视频影音合成的流程中，一般分为文案策划、分镜制作、镜头生成、剪辑素材、音乐添加、字幕添加、输出等流程。请你发挥无限创意，设计一段"苗绣"影音作品。要求能够体现创作者的个性与情感，同时在听觉上引人入胜，让人难以忘怀。

2. 设计过程

步骤1: 打开百度搜索页面（见图4.37）。

图4.37　百度搜索页面

步骤2: 输入通义千问（见图4.38），进入通义千问首页并登录（见图4.39）。

步骤3: 输入"苗族刺绣"宣传片文案（见图4.40）。

图4.38　输入"通义千问"

单元四　文生影音：AIGC视频声音类应用

图4.39　通义千问首页

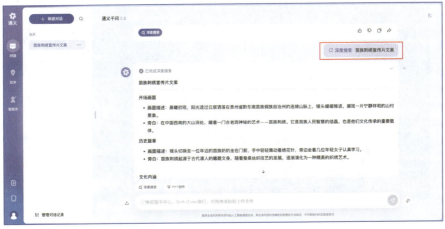

图4.40　输入文案

步骤4: 打开智谱清影界面，输入"通义千问"形成的第一个画面描述（见图4.41）单击"生成视频"按钮。

图4.41　输入画面描述

步骤5: 等待视频生成（见图4.42），下载素材（见图4.43）。

图4.42 等待视频生成

图4.43 下载素材

步骤6: 重复步骤5～6的操作，将剩余的画面描述内容复制（见图4.44），在智谱清影中生成。

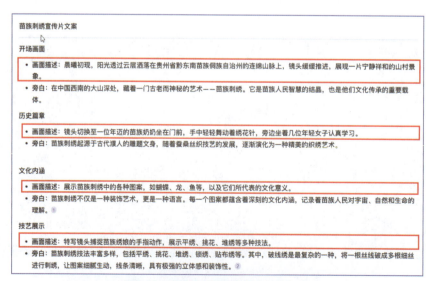

图4.44 将剩余的画面描述内容复制

步骤7: 打开剪映专业版，单击"开始创作"（见图4.45）。

单元四 文生影音：AIGC视频声音类应用

图4.45 单击"开始创作"

步骤 8: 选择导入生成的视频素材（见图4.46）。

图4.46 选择导入生成的视频素材

步骤 9: 将导入的素材拖入时间线（见图4.47）。

图4.47 将导入的素材拖入时间线

步骤 10: 选择文本（见图4.48）。

图4.48　选择文本

步骤11: 将默认文本拖入时间线（见图4.49）。

图4.49　将默认文本拖入时间线

步骤12: 单击文本，进行修改（见图4.50）。

图4.50　修改文本

步骤13: 根据画面内容，选择对应的旁白（见图4.51）。

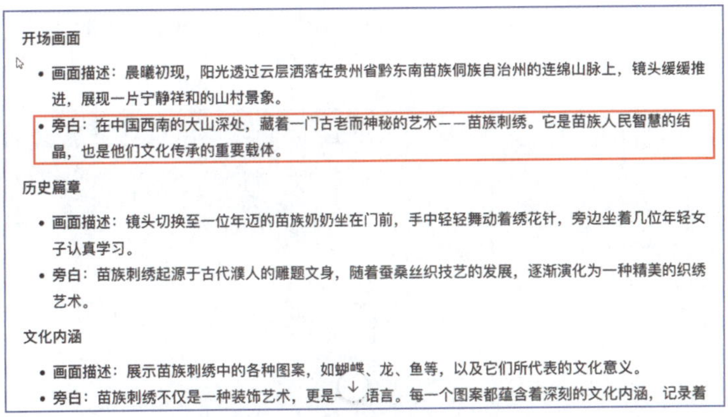

单元四　文生影音：AIGC视频声音类应用

图4.51　选择对应的旁白

步骤 14: 调整参数（见图4.52），在剪映中调整字体、字号、颜色、文字等参数。

图4.52　调整参数

步骤 15: 文本选项中，选择朗读（见图4.53）。

图4.53　选择朗读

步骤16： 选择合适的音色，我们选择"可商用"内容（见图4.54），选择"新闻女声"（见图4.55）。

图4.54　选择可商用内容

图4.55　选择"新闻女声"

步骤17： 单击"开始朗读"按钮（见图4.56）。

步骤18： 在时间上会形成旁白配音（见图4.57）。

步骤19： 将其他生成片段按照相同流程进行制作，注意镜头间的连贯性。

步骤20： 打开"海绵音乐"（参考任务二：音频制作板块内容），单击"创作"（见图4.58）。

单元四 文生影音：AIGC视频声音类应用

图4.56 单击"开始朗读"按钮

图4.57 旁白配音

图4.58 单击"创作"

步骤21: 输入"苗族元素音乐"（见图4.59）。

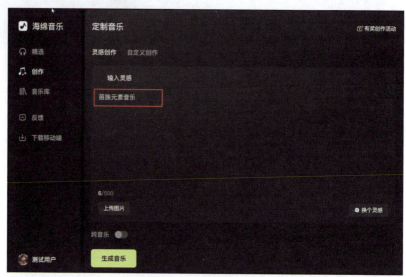

图4.59 输入"苗族元素音乐"

步骤22: 生成音乐（见图4.60），选择合适的音频并下载（流程参考任务二：音频制作板块）。

图4.60 生成音乐

步骤23: 回到剪映导入界面，将音乐导入素材库（见图4.61）。

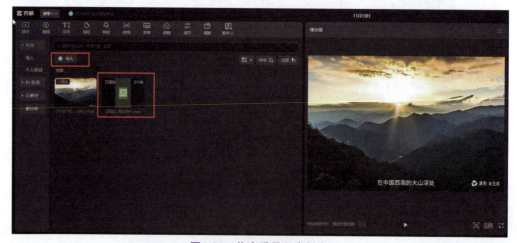

图4.61 将音乐导入素材库

步骤 **24**：将导入的音乐拖至时间线（见图4.62）。

图4.62　将导入的音乐拖至时间线

步骤 **25**：添加完所有素材准备导出（见图4.63）。

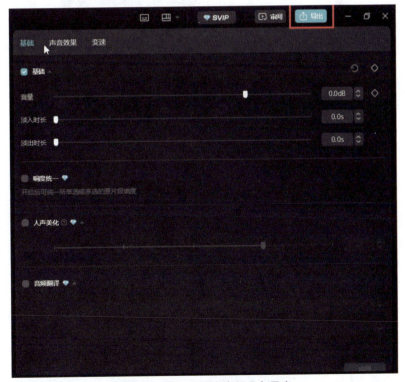

图4.63　添加完所有素材准备导出

步骤 **26**：修改文件名，调整导出参数及存放位置（见图4.64）。
步骤 **27**：单击"导出"按钮（见图4.65）导出视频。

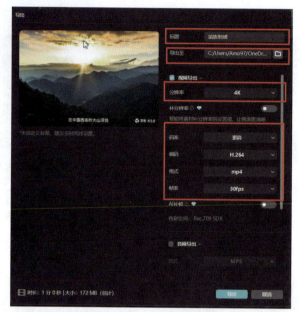

图4.64 修改文件名并设置参数

图4.65 选择导出

3. 设计练习

莫高窟,坐落于河西走廊的西部尽头的敦煌。它的开凿从十六国时期至元代,前后延续约1 000年,这在中国石窟中绝无仅有。它既是中国古代文明的一个璀璨的艺术宝库,也是古代丝绸之路上曾经发生过的不同文明之间对话和交流的重要见证。莫高窟现有洞窟735个,保存壁画4.5万多平方米,彩塑2 400余尊,唐宋木构窟檐5座,是中国石窟艺术发展演变的一个缩影,在石窟艺术中享有崇高的历史地位。

请借助AIGC工具,为莫高窟制作一个宣传视频。

单元四 文生影音：AIGC视频声音类应用

任务四 数字人

1. 设计要求

数字人生成技术已广泛应用于各类商业和创意场景，为公司各类宣传、培训和演示资料提供了生动而专业的解决方案。无论是企业宣传视频、在线教育课程，还是虚拟会议助理，数字人生成工具能够根据文本内容和设定的风格，快速生成自然、逼真的虚拟人物。它们不仅能够进行口型、表情、动作的同步，而且能够模拟真实人类的语音和情感表达，极大地提升了信息传达的效率与效果。

例如，在一份产品介绍视频中，数字人可以作为品牌代言人，清晰、生动地讲解产品特点，带给观众更加亲切、专业的观感；在企业培训中，数字人能够充当虚拟讲师，实时解答员工的疑问，提供个性化的培训体验。这种高度拟真、可定制的数字人形象，不仅大幅节省了视频拍摄和剪辑的时间与成本，还让整个文档或视频内容更加引人入胜，进一步提升了公司整体形象和专业度。随着AI技术的不断升级，数字人将会在更多领域发挥其独特优势，成为数字时代信息传达与互动的新媒介。

2. 设计过程

步骤1： 百度搜索"腾讯智影"，进入首页并登录（见图4.66）。

图4.66 登录"腾讯智影"

步骤2： 选择"数字人播报"（见图4.67），单击"名称修改"按钮，进入项目创建页面（见图4.68），输入项目名称，选择视频尺寸宽高比（如16∶9、9∶16等）（见图4.69）。

图4.67 选择"数字人播报"

图4.68　项目创建页面

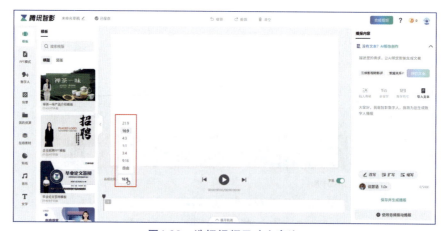

图4.69　选择视频尺寸宽高比

步骤3: 输入文本（见图4.70）。在项目中，找到"文本"或"剧本"输入区域，将视频脚本或文本内容粘贴进去，这些文本将用于生成视频的旁白或字幕。也可以单击"导入文本"，将需要导入的文本文件整体导入。

图4.70　输入文本

步骤4: 数字人设置。选择数字人（见图4.71），单击"数字人播报"功能，在数字人库中选择一个合适的形象，可以根据性别、年龄、职业等筛选。设置数字人的动作和表情，使其与播报内容相匹配。

图4.71　选择数字人

选择合适的语音（见图4.72）。腾讯智影提供了多种语音选项（见图4.73），包括不同的音色和语速。可以预览语音效果，确保与数字人形象匹配。

图4.72　配置语音

图4.73　多种语音选项

步骤5： 视频编辑。在编辑界面，单击"背景"或"素材"选项，添加背景图像或视频（见

图4.74）。可以从素材库中选择图片、图标、动画等素材，以丰富视频内容。

图4.74　添加背景和素材

剪辑与调整（见图4.75）。使用剪辑工具，对视频进行剪辑、分割、合并等操作；调整视频时长，通过拉伸或压缩来匹配旁白或内容。添加转场效果，使视频画面更加流畅。

图4.75　剪辑与调整

步骤6： 音频处理。单击"音乐"功能，从音乐库中选择合适的背景音乐（见图4.76）；调整音乐的参数（见图4.77），如音量、淡入淡出等效果，使其与旁白和视频内容协调。

图4.76　添加背景音乐

单元四　文生影音：AIGC视频声音类应用

图4.77　调整音乐的参数

步骤7：预览调整。在完成初步编辑后，单击"预览"按钮，查看视频效果，注意观察旁白、画面、字幕、音效等是否协调。根据预览结果，对视频进行必要的调整，如修改文本、调整画面顺序、优化音效等。

步骤8：导出发布。在确认视频效果满意后，单击"合成视频"按钮（见图4.78），选择合适的格式（如MP4、MOV等）和分辨率（如1 080P、720P等）（见图4.79），等待视频导出完成。

图4.78　导出视频

图4.79　择合适的格式和分辨率

发布视频：将导出的视频文件上传到需要的平台，如腾讯视频、优酷、爱奇艺等，也可以直接在腾讯智影平台上分享到微信、微博等社交平台。

3. 设计练习

在本次设计练习中，我们将针对一段AI技术宣传片，设计并生成一段由数字人讲解的短视频，展示数字人生成技术的优势与应用领域。数字人将在宣传片中担任企业虚拟代言人，讲解数字人技术在线教育、企业培训、虚拟导购、影视制作等场景中的实际应用，突显其在各行业中提供高效解决方案的能力。数字人外观与风格应选用具备亲和力和可信度的形象，确保其看起来专业并符合商业宣传片的氛围，服装建议以简洁的商务装为主，保持整体造型稳重且现代，面部表情需自然、富有感染力，动作手势应适度且与讲解内容同步，确保数字人看起来真实且富有互动性。背景与配色则采用具有科技感的背景，例如淡蓝色、银色或白色，并搭配动态光线、线条或数字元素，营造出一种未来感与科技感，突出"数字人"技术的创新特性，背景设计要与数字人相协调，避免过于复杂而抢夺数字人的视觉焦点。数字人讲解词应简洁有力，例如："数字人生成技术广泛应用于在线教育、企业培训等领域，为宣传与沟通提供了创新的虚拟形象体验。"语音需自然流畅，避免机械化，确保数字人具备与人对话的真实感。视频时长控制在30～60秒，宽高比为16∶9，充分展示数字人的表情、口型同步、手势等细节，输出视频需突出数字人的技术特性，展现出AI生成的高品质效果。完成后，需详细描述数字人生成过程，包括数字人外观与动作的调整、AI工具与技术的运用、口型与语音同步的处理，以及背景与数字人的融合。通过本练习，掌握数字人生成的实操技能，了解其在商业宣传、品牌推广中的实际应用，全面体验数字人技术的强大与便利。

知识拓展

一、影音生成中的新兴趋势与技术

近年来，人工智能和深度学习技术的持续进步，推动了影音生成领域的快速发展，涌现出众多新兴趋势与技术，极大地提升了数字内容创作效率和品质。这些技术不仅为创作者提供了丰富的工具，也为未来内容生产开辟了新的可能性。

多模态生成技术成为影音生成的重要趋势。这项技术融合了文本、图像、音频、视频等多种数据形式，实现了不同模态间的转换与生成，使内容更具表现力和丰富性。例如，基于文本描述生成动态视频场景，或根据视频画面生成背景音乐和音效。多模态生成在影视制作、广告创意、教育培训等领域具有广泛应用前景，有助于实现更高效、更富表现力的内容创作。

深度学习的影音生成技术近年来取得显著突破。GAN、Transformer模型和扩散模型等深度学习模型广泛应用于图像和视频生成领域。GAN在生成高质量图像和视频内容方面表现出色，而Transformer模型在字幕生成、视频内容理解等任务中展现出强大的能力。扩散模型因其对细节的精细处理和生成能力，成为影音生成技术的前沿。这些模型不仅能生成高质量内容，还能根据需求进行实时编辑与调整，为创作者提供极大灵活性。

数字人技术的兴起为影音生成领域带来新可能。数字人利用AI技术生成虚拟人物，逼真模拟人类外貌、表情、声音和动作。在影视、游戏、虚拟主播、在线教育等领域，数字人技术应用越来越广泛，可提供高度拟真互动体验。例如，虚拟直播中数字主播可与观众实时互动，为直播行业带来新模式与可能。

虚拟现实（VR）和增强现实（AR）技术在影音生成中的应用也日益成熟。结合AI与VR/AR技术，可生成更沉浸式影音内容，增强用户体验。AI可根据用户实际环境生成匹配虚拟场景,或通过AR技术将虚拟角色投射现实空间,实现虚实结合互动。这种技术不仅适用于娱乐和游戏领域,还可用于教育培训、医疗康复等行业。

实时影音生成与编辑是另一个重要趋势。随着计算能力提升,AI能实现对音视频内容的实时生成与编辑,创作者可即时调整视频风格、角色外貌、声音特效等元素。这种能力在直播、社交媒体、广告制作等场景中尤为实用,极大提高了内容创作效率和灵活性。

个性化影音内容生成技术的兴起使内容能根据用户兴趣与需求定制。通过对用户数据的分析,AI可生成符合用户偏好的影音内容,提供更精准内容推荐与互动体验。这项技术在广告、教育、娱乐等领域有广阔应用空间,能有效提升用户参与度和满意度。

为使影音生成技术在移动设备等低算力环境中普及,研究人员致力于开发低资源生成技术与轻量化模型。这些模型在保持生成质量的同时,显著降低对硬件需求,使高效影音生成在手机、平板等终端设备上成为可能。这种轻量化趋势将推动影音生成技术的普及与应用,拓展更多场景与市场。

多语言影音合成技术也是近年来的热点。随着全球化进程加快,AI模型可根据不同语言输入生成相应影音内容。这在跨文化传播、国际教育、广告推广等领域具有重要价值,帮助内容创作者突破语言障碍,拓展国际市场。

音频增强与声音合成技术为影音生成提供更多可能。通过AI,可生成高度逼真语音、音乐与音效,并对视频中声音进行优化处理,如去除噪音、增强音质等。这不仅提升音视频内容整体品质,还能为观众带来更真实听觉体验。

随着AI生成内容的普及,伦理与版权保护技术也成为重要研究方向。针对AI生成内容的版权保护技术,如数字水印和区块链认证,逐渐成为保障创作者权益的重要手段。这些技术有助于防止内容侵权与盗用,确保生成内容的合规性与真实性。

二、影音生成伦理问题与版权保护

随着人工智能在影音生成领域的不断发展,技术的成熟也带来了新的伦理问题与版权保护挑战。AI生成内容的普及使创作者和用户的角色发生了变化,也使得内容的真实性、合法性、道德性等问题变得更加复杂。以下将探讨影音生成中的主要伦理问题以及如何进行版权保护。

1. 影音生成的伦理问题

(1)内容真实性与虚假信息传播

AI生成技术可以通过深度学习模型创建出高度逼真的影音内容,这一能力使得虚假信息和深度伪造(deepfake)成为令人担忧的问题。深度伪造技术可以将某人的面部表情、声音和动作与虚假的视频或音频内容合成,从而制造出逼真的假视频。此类虚假信息不仅可能误导公众,还可能被用于恶意攻击他人,甚至用于政治操纵和诈骗活动,带来严重的社会问题。

(2)隐私侵犯与数据滥用

在生成影音内容时,AI通常需要大量的音频、视频、图像等数据来进行训练。这些数据往往来自互联网或社交媒体,可能涉及个人隐私。如果未经授权就使用他人的面部图像、声音或其他私人信息进行内容生成,将对个人隐私权构成侵犯。此外,生成的虚拟人物或数字人可能会利用真实人物的特征,这样的做法也引发了关于数据权利和隐私保护的争议。

(3)歧视与偏见

AI模型在训练过程中可能会因为数据偏差而产生歧视和偏见。比如,在生成影音内容时,AI可能会强化某种性别、种族或文化刻板印象,从而导致对特定群体的不公平对待。影音生成技术的广泛应用有可能进一步加剧社会的不平等和歧视,因此,确保数据的多样性与公平性是避免偏见的重要手段。

（4）虚拟人物与数字人的伦理问题

随着数字人技术的日益成熟，虚拟人物在广告、娱乐和社交媒体等领域的应用越来越广泛。然而，这些虚拟人物的身份、权利、责任等伦理问题亟待明确。例如，虚拟偶像在与粉丝互动时是否应受到真实人类同等的道德约束？当数字人用于商业推广或娱乐时，是否应该标明其虚拟身份，避免误导消费者？

2. 版权保护问题与解决方案

（1）版权归属的复杂性

AI生成内容的版权归属是一个富有争议的问题。在传统的版权体系中，创作者是内容的版权所有者。然而，在AI生成内容的情况下，创作者的角色可能是编写算法的程序员、提供数据的用户或操作AI工具的操作者。因此，如何界定AI生成内容的版权归属成为一大难题。很多国家目前尚未对AI生成内容的版权归属作出明确的法律规定，这也使得相关权益的保护变得更加复杂。

（2）版权侵权与盗用风险

AI可以轻松地模仿或复制现有的影音作品，甚至生成与原作品极为相似的内容，这可能导致版权侵权行为的增加。由于AI生成的内容可以快速传播，原作品的版权保护面临更大的挑战。因此，如何防止AI生成内容对原始作品的侵权，成为当下亟待解决的问题。

（3）数字水印技术

数字水印是一种有效的版权保护手段，可以将版权所有者的信息嵌入到影音内容中，使其难以被检测或篡改。通过在生成的影音内容中加入不可见的水印，创作者可以追溯内容的来源，并在发生侵权行为时提供证据。数字水印技术已经广泛应用于图像、视频、音频等内容的版权保护中，是对抗侵权行为的重要工具。

（4）区块链技术与版权认证

区块链技术因其不可篡改和可追溯的特性，成为影音生成领域版权保护的潜在解决方案。通过将影音生成作品的版权信息记录在区块链上，创作者可以有效地证明作品的原创性和版权归属。区块链的透明性和分布式特征也有助于防止内容的篡改和盗用，确保生成内容的权利得到保护。

（5）版权自动识别与检测技术

AI本身也可以用于版权保护，通过训练AI模型识别已注册的影音作品，自动检测和识别潜在的侵权内容。此类技术能够帮助版权方监测互联网平台上的内容，及时发现侵权行为并采取行动。这种自动化的版权检测方式可以提高版权保护的效率，降低版权方的维权成本。

（6）法律与政策的完善

面对AI生成内容带来的版权保护与伦理挑战，完善相关法律与政策是至关重要的。各国应制定明确的法律法规，界定AI生成内容的版权归属，明确版权侵权的处罚措施，并为受侵害者提供有效的维权渠道。同时，行业内也应建立自律规范，确保AI生成技术的合理使用，避免不正当竞争与侵权行为。

单元总结

在本单元的学习中，深入探讨了AIGC视频生成与编辑技术，涵盖了从理论到实践的各个方面，全面了解了其基本概念、核心技术，以及广泛的应用场景。

通过学习生成对抗网络（GAN）、自注意力机制、Transformer模型等关键技术，掌握了

单元四 文生影音：AIGC视频声音类应用

AIGC在视频生成中的核心原理和实际操作方法，了解了如何从文本、图像，甚至是音频生成高度真实且生动的视频内容。本单元详细剖析了AIGC视频生成技术在广告业、影视制作等各个领域的实际应用案例，意识到其在现代社会中的重要地位和巨大潜力。

学习了数字人生成、文本生成视频（Text-to-Video）、视频增强与修复等技术，熟悉了相关工具的操作流程，并掌握了如何将这些工具应用于不同场景，以实现高效、创意的视频内容创作。在实操部分，通过项目实践巩固了所学知识，切身体验了AIGC视频生成技术的强大与便利，提升了视频制作与编辑的技能水平，并激发了对AIGC技术的创新应用热情。同时，探讨了AIGC视频生成技术的新兴趋势，包括数字人讲解、虚拟现实内容生成等前沿应用，拓宽了对AIGC技术未来发展的想象空间。

此外，关注了AIGC视频生成技术所引发的伦理与版权问题，深入思考了人工智能与人类创作之间的关系，认识到在享受技术带来便利的同时，也需要对其潜在风险与挑战保持警惕。展望未来，随着人工智能技术的持续进步与应用场景的不断扩展，AIGC视频生成与编辑技术将继续改变生活和工作方式，为各行各业带来更多创新与发展机会。

单元测验

一、单选题（每题4分，共16分）

1. AIGC视频生成技术主要依赖于哪种深度学习模型，来实现视频内容的生成？
   A. 生成对抗网络（GAN）　　　B. 循环神经网络（RNN）
   C. 变换器模型（Transformer）　D. 自编码器（AE）

2. 下列哪个工具不属于文档中提到的AI视频生成工具，且无法用于AIGC视频制作？
   A. Synthesia（数字人讲解工具）
   B. D-ID（基于AI的数字人视频生成工具）
   C. Adobe Premiere Pro（视频剪辑软件）
   D. ChatGPT（文本生成模型）

3. 在视频生成过程中，生成对抗网络（GAN）中的生成器（generator）和鉴别器（discriminator）之间的关系是怎样的？
   A. 生成器试图生成逼真的视频片段，而鉴别器则判断视频是否为真实或生成的
   B. 生成器负责编辑已有的视频，鉴别器负责修复视频中的缺陷
   C. 生成器生成视频的音频部分，鉴别器生成视频的图像部分
   D. 生成器和鉴别器共同生成视频中的角色动作

4. 文本生成视频（text-to-Video）技术中，文本描述转化为对应视频的关键技术是：
   A. 对抗学习理论
   B. 自注意力机制（可根据文本与帧序列间关系提取关键信息）
   C. 卷积神经网络（CNN）
   D. 强化学习算法

二、多选题（每题6分，共18分）

1. 下列哪些是AIGC视频生成技术的核心技术原理？（多选）
   A. 生成对抗网络（GAN）——用于生成逼真的视频画面
   B. 自然语言处理（NLP）——将文本描述转化为视频内容

C. 卷积神经网络（CNN）——用于图像识别和视频帧生成
　　D. Transformer模型——用于文本与视频内容之间的关联建模
　　E. 变分自编码器（VAE）——用于视频生成的潜在空间学习
2. 文档中提到的AI视频生成工具，它们的主要功能有哪些？（多选）
　　A. 文字视频（将文本描述转换为动态视频）
　　B. 图生视频（将图像序列转换为视频）
　　C. 视频修复（利用AI修复和完善损坏的视频片段）
　　D. AI视频剪辑（自动生成剪辑风格的视频）
　　E. 数字人生成（创建能够与人互动的虚拟数字人）
3. AIGC视频生成技术在哪些领域有重要应用？（多选）
　　A. 广告业（自动生成产品广告视频）
　　B. 在线教育（生成数字人讲解和示范教学视频）
　　C. 游戏剧情制作（生成虚拟场景和角色动画）
　　D. 医疗培训（生成复杂的手术演示或医学教学视频）
　　E. 新闻媒体（实时生成新闻播报和短视频）

三、判断题（每题3分，共6分）

1. 生成对抗网络（GAN）中的生成器和鉴别器是相互竞争的关系，生成器试图欺骗鉴别器，而鉴别器则努力辨别真伪。　　　　　　　　　　　　　　　　　　　　（　　）
2. AI生成技术可以通过深度学习模型创建出高度逼真的影音内容，这一能力使得虚假信息和深度伪造（Deepfake）成为令人担忧的问题。　　　　　　　　　　　　（　　）

四、任务实操（每题30分，共60分）

1. 视频宣传片制作：假设你需要为一款即将发布的高科技产品制作一个30秒的宣传片。请使用文档中提到的任一AI视频生成工具，根据以下要求完成任务：

提示词：科技创新、未来生活、产品演示

风格要求：现代科技感，色调以蓝色和银色为主，需体现科技与生活的结合

视频内容要求：展示产品的核心特点，如外观、功能和技术优势

视频格式：MP4

请上传你制作的视频片段，并详细说明设计思路、使用的AI技术、工具操作过程，以及如何根据提示词实现对画面内容的控制。

2. 数字人讲解视频：假设你需要为一门在线课程制作一个数字人讲解视频，长度约为1分钟。请使用文档中提到的任一AI视频生成工具，根据以下要求完成任务：

课程主题：人工智能在未来的应用（需要包括AI的定义、当前应用案例，以及对未来生活的影响）

目标受众：对AI感兴趣的初学者

风格要求：专业、清晰，数字人需要具备亲和力，配有恰当的手势和表情

必须包含的元素：数字人讲解、背景图表或关键数据展示、主题关键词的字幕

请上传你制作的视频，并详细说明设计思路、数字人模型选择、如何通过提示词实现对数字人动作和表情的控制，以及视频生成过程中遇到的挑战和解决方案。

单元五

多元融合：AIGC跨模态内容生成

情境导入

随着数字化与信息化的发展，内容创作不再局限于单一模态，而是跨越文本、图像、音频、视频等多个维度，实现了信息的深度融合与高效表达。

设想一下，你是一位市场部经理，正筹备着一场盛大的新品发布会。面对紧迫的时间线和高标准的要求，你需要迅速将复杂的演讲稿转化为一份引人入胜的演示文稿。以往，这可能需要你耗费大量精力用在资料搜集、版式设计和内容编排上。但现在，借助先进的跨模态内容生成工具，这一切都将变得轻松而高效。

这些智能工具，如AI PPT、讯飞智文、TreeMind树图和通义听悟等，不仅能够智能分析你的输入内容，自动构建出结构清晰、设计精美的PPT框架，还能根据你的具体需求进行灵活调整和优化。你可以轻松地通过语音输入或上传文档，让AI帮你完成烦琐的制作工作，而你则可以专注于内容的创新与呈现效果的提升。

在这个学习过程中，你不仅将掌握这些高效工具的使用技巧，还会深入了解跨模态内容生成的理论基础和关键技术，如数据预处理、深度学习模型、跨模态对齐与融合等。这些知识与技能的积累，将使你在未来的职业生涯中，无论面对何种内容创作挑战，都能游刃有余，展现出卓越的创新力与执行力。现在，就让我们携手开启这段探索之旅，共同迎接AIGC技术带来的无限可能。

学习目标

1. 知识目标
- 跨模态内容生成理论：理解跨模态内容生成的定义、原理及其在AIGC技术背景下的重要性。
- 关键技术掌握：学习跨模态内容生成中的关键技术，如数据预处理与特征提取、深度学习模型、跨模态对齐与融合技术、GAN、优化与评价技术、多模态联合嵌入技术、条件生成技术以及跨模态推理与理解技术等。

2. 技能目标
- AI PPT工具应用：熟练掌握AI PPT工具的使用，包括快速创建PPT、编辑修改PPT大纲和内容，以及选择合适的模板进行演示文稿的优化。
- 讯飞智文工具操作：运用讯飞智文创建PPT和Word文档，掌握主题创建、文本创建等功能，生成专业文档内容。
- TreeMind树图工具使用：通过TreeMind树图生成专业的思维导图，利用AI一键生成功能和海量模板，高效完成思维导图的创作。
- 通义听悟工具实践：运用通义听悟将音视频内容转化为文字，进行会议记录、整理和分析，提高学习和工作效率。

3. 素质目标
- 创新思维：培养读者在跨模态内容生成过程中的创新思维，鼓励尝试新的方法和工具，提升内容创作的多样性和个性化。
- 团队协作：在掌握跨模态内容生成工具的基础上，增强团队协作能力，共同完成项目任务，提升整体工作效率。

知识链接

在AIGC技术日益成熟的背景下，跨模态内容生成成了一个重要的应用领域。跨模态内容生成是指将不同模态（如文本、图像、音频、视频等）的信息进行有效整合和转换，生成具有一致性和相关性的新内容的过程。这种技术充分利用了AIGC技术的优势，通过智能算法和模型，实现了不同模态信息之间的互补和增强，极大地丰富了内容的表达形式和用户体验。在跨模态内容生成的过程中，AIGC技术不仅能够帮助用户快速生成内容，还能够根据用户需求进行优化和调整，实现更加个性化和多样化的内容创作。

一、跨模态内容生成技术概述

在AIGC技术的背景下，跨模态内容生成技术得到了快速发展和应用。这些技术不仅能够帮助用户快速生成和优化内容，还能够实现不同模态信息之间的有效整合和转换，为用户提供更加丰富的体验和内容表现形式。以下是跨模态内容生成的核心技术：

1. 数据预处理与特征提取技术

这是跨模态内容生成的第一步，涉及对不同模态数据的清洗、标准化和特征提取。通过预处理，可以去除数据中的噪声和冗余信息，提取出有用的特征，为后续的内容生成提供高质量的输入。

2. 深度学习模型

深度学习模型在跨模态内容生成中发挥着核心作用。例如，CNN被广泛应用于图像处理，能够提取出图像中的高级特征；RNN或Transformer模型则擅长处理文本和序列数据，能够捕捉到语言中的复杂结构和语义信息。这些模型可以单独使用，也可以组合使用，以实现不同模态数据之间的有效转换和融合。

3. 跨模态对齐与融合技术

为了确保不同模态的内容在语义层面上的一致性和互补性，需要采用跨模态对齐和融合技术。这些技术通过学习不同模态数据之间的映射关系，实现它们在语义空间中的对齐和融合。例如，通过跨模态注意力机制，模型可以聚焦于不同模态间的关键信息，实现更精细化的内容生成。

4. 优化与评价技术

为了进一步提升生成内容的质量和用户体验，需要采用优化与评价技术。这些技术包括基于GAN的对抗训练、强化学习等，可以用于调整生成内容的参数和风格，以满足用户的不同需求和偏好。同时，还可以利用评价指标对生成内容进行评估和比较，以选择最优的生成结果。

5. 多模态联合嵌入技术

为了实现不同模态数据之间的有效融合，多模态联合嵌入技术被广泛应用。该技术通过将不同模态的数据映射到一个共同的语义空间中，使来自不同模态的信息可以在这个空间中进行比较、对齐和融合。这样，模型就能够更好地理解不同模态之间的关联，并生成更加一致和相关的内容。

6. 条件生成技术

在跨模态内容生成中，往往需要根据给定的条件或约束来生成内容。条件生成技术可以根据用户提供的文本描述、关键词或其他模态的信息来指导生成过程，确保生成的内容与给定条件相匹配。这种技术使得跨模态内容生成更加灵活和可控，可以满足用户多样化的需求。

7. 跨模态推理与理解技术

为了实现更加智能和准确的跨模态内容生成，需要借助跨模态推理与理解技术。这些技术可以分析不同模态数据之间的逻辑关系、语义关系和情感关系，从而生成更加符合用户意图和期望的内容。例如，在生成与文本描述相匹配的图像时，模型需要理解文本中的语义和情感，并将其转化为相应的图像特征。

8. 实时交互与反馈技术

在跨模态内容生成的应用场景中，实时交互与反馈技术也起着重要作用。通过与用户的实时交互，模型可以根据用户的反馈和需求进行动态调整和优化，生成更加符合用户期望的内容。这种技术可以提升用户体验，使得跨模态内容生成更加个性化和智能化。

二、跨模态内容生成工具介绍

1. AI制作PPT

（1）Ai PPT

Ai PPT工具（见图5.1）是一款融合了先进人工智能技术的演示文稿制作软件，它为用户提供了全新的、智能化的PPT制作体验。这款工具不仅具备传统PPT软件的基础功能，如编辑文本、插入图片、设计版式等，还通过AI技术的加持，实现了诸多创新性的功能。

Ai PPT工具能够智能分析用户输入的内容，自动生成与之匹配的演示文稿框架和布局，大大节省了用户的时间和精力。用户只需简单输入或选择主题，工具就能快速生成一份结构清晰、设计美观的PPT。

（2）讯飞智文

讯飞智文（见图5.2）是科大讯飞推出的AI办公自动化工具，依托讯飞星火大模型，实现智能文档生成与编辑。用户可通过输入一句话、长文本或音视频等指令，快速生成PPT、Word等多种文档类型，并享受在线编辑、美化排版、多语种支持及一键动效等高级功能。讯飞智文以其高效、便捷的特点，成为提升工作效率和文档质量的得力助手。

图5.1　Ai PPT工具界面

图5.2　讯飞智文工具界面

2. AI思维导图

（1）TreeMind树图

TreeMind树图（见图5.3）是一款基于先进人工智能技术的在线思维导图软件工具，它集成了多种创新功能和丰富资源，致力于为个人用户和团队提供强大的支持，以显著提升他们的学习效率和生产力。这款软件利用AI的智能生成和推荐能力，帮助用户快速创建出结构清晰、内容翔实的思维导图，从而更有效地整理思路、规划计划和管理项目。同时，TreeMind树图还提供了海量的模板资源和设计素材，满足用户在不同场景下的多样化需求，进一步提升了其在学习、工作和创意创作等方面的应用价值。

（2）MindMaster

MindMaster（见图5.4）是由深圳市亿图软件有限公司推出的一款跨平台思维导图软件，MindMaster的AI助手能够根据用户输入的一句话或主题关键词，快速生成复杂的多层级思维导图。这一功能不仅节省了用户大量的时间和精力，还提高了思维导图的创作效率。在生成思维导图的过程中，MindMaster的AI助手还会根据内容的逻辑关系和重要性，自动调整节点的布局和层级结构，使思维导图更加清晰、易读。MindMaster的AI功能还支持智能注释和关键词解释。根据用户的使用习惯和偏好，MindMaster的AI助手会智能推荐相应的主题样式、布局模式和颜色搭配，满足用户的个性化需求。

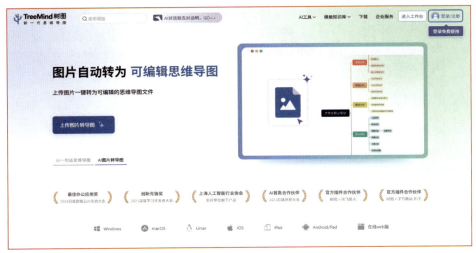

图5.3　TreeMind树图工具界面

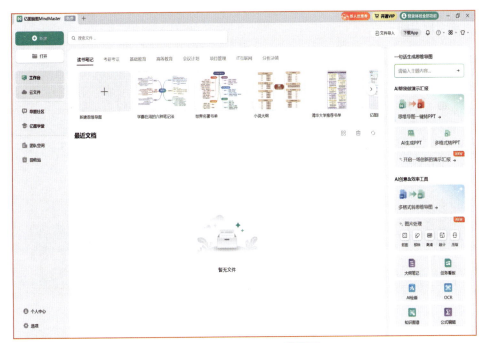

图5.4　MindMaster工具界面

3. AI语音转写——通义听悟

通义听悟（见图5.5）是一款由阿里云开发的一款AI助手，专注于音视频内容的智能处理。作为一个全面的音视频内容助手，通义听悟能够实时将语音转化为文字，并且能够记录、整理、分析、提炼关键信息。通义听悟功能包括实时语音转文字、音视频文件转文字、播客链接转写。

图5.5 通义听悟工具界面

4. AI文件阅读——Kimi

Kimi（见图5.6）是一款由月之暗面科技有限公司开发的国产人工智能助手工具。它支持中文和英文对话，擅长处理超长文本（支持高达200万字的输入），并能结合搜索结果提供详尽准确的回答。Kimi能阅读和理解多种格式的文件，如PDF、Word、Excel等，还具备编程辅助、文件整理、内容创作等功能。其强大的记忆功能和沉浸式对话体验，使其成为用户提升工作效率和生活质量的得力助手。

图5.6 Kimi工具界面

任务实施

任务一 制作演讲PPT

1. 设计要求

制作一个成功的演讲PPT，关键在于遵循以下设计要求：首先，明确演讲目标与主题，确保内容紧密围绕核心展开；其次，保持内容简洁明了，避免文字堆砌，利用图表、图片等辅助说明；同时，注重视觉一致性，统一色调、字体和布局，提升专业感；选择高质量视觉元素和易读字体，确保观众能轻松阅读；谨慎使用动画与过渡效果，避免分散注意力；按照演讲流程组织幻灯片，逻辑清晰；留出适当空白空间，提升美观度和易读性；考虑观众需求，调整内容和风格以适应观众；最后，做好备份与测试，确保技术无误。遵循这些要求，你能制作出专业、吸引人且易于理解的演讲PPT，有效传达信息并吸引观众注意。

2. 设计过程

（1）情景1：根据主题生成演讲PPT

主题内容：如何成为一名优秀的大学生。

步骤1：打开讯飞智文，在首页单击"开始创作"按钮（见图5.7），即可弹出"开始创作"面板。

步骤2：在"快速开始"中，单击"主题创建"按钮（见图5.8），进入"主题创建"面板。

图5.7 "开始创作"按钮

图5.8 "主题创建"按钮

步骤3：在"主题创建"面板中的关键词输入框内输入主题内容"如何成为一名优秀的大学生"，单击对话框最右侧的生成按钮（见图5.9），即可生成该主题PPT大纲。

图5.9 主题内容输入

步骤4：查阅生成的PPT大纲（见图5.10），若不满意可对大纲进行"重新生成"，若满意，可单击"下一步"按钮，进入PPT内容生成。

步骤5：单击"下一步"按钮，进入PPT模板选择。可以根据"行业""风格""颜色"选择适合主题内容的PPT模板，这里选择"最美青春·追梦前行院校艺术导演"模板。模板选择好之后，单击"开始生成"，等待生成完整的PPT（见图5.11）。

图5.10　PPT大纲展示

图5.11　PPT模板选择

单元五　多元融合：AIGC跨模态内容生成

步骤 **6**：查阅生成的PPT效果（见图5.12）。

图5.12　PPT效果展示

步骤 **7**：如果需要对PPT进行其他设置，可单击"格式设置"按钮，打开"格式设置"面板，对PPT的全局设置、切换、动画都可以进行重新设置（见图5.13）。

图5.13　PPT格式设置

步骤 **8**：PPT设置完成，单击"下载"按钮，选择PPT下载"PPT文件"，单击"确定"按钮，即可获得完整的PPT文件（见图5.14）。

（2）情景2：根据已有演讲稿生成演讲PPT

情景内容：假设你是一位市场部经理，你需要为公司的新产品发布会准备一份演示文稿。你已经撰写了一份详细的演讲稿，内容涵盖了新产品的特点、市场定位、竞争优势以及预期的销售策略。现在，你的任务是将这份演讲稿的内容转化为一份结构清晰、设计美观的PPT，以便在发布会上向参会者展示。请确保你的PPT能够准确传达演讲稿的核心信息，并吸引听众的注意力。你有两天的时间来完成这项任务。

步骤1： 打开AiPPT，登录个人账号（见图5.15）。

步骤2： 选择"快速创建"中的"文档生成PPT"（见图5.16）。

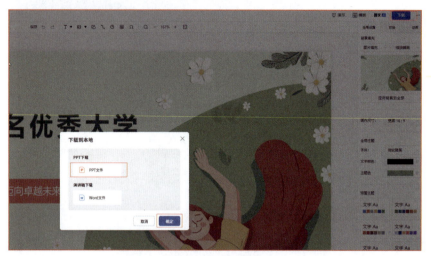

图5.14　PPT下载

图5.15　AI PPT登录

图5.16　"文档生成PPT"选择

单元五　多元融合：AIGC跨模态内容生成

步骤3: 在文件上传面板中，将准备好的"新品发布会演讲稿.doc"上传，然后单击"确定"按钮（见图5.17）。

图5.17　文件上传

步骤4: Ai PPT读取演讲稿大纲，确认大纲无误后单击"挑选PPT模板"按钮（见图5.18）。

图5.18　挑选PPT模板

步骤5: 在模板中，挑选合适的PPT模板，单击右上角的"生成PPT"按钮（见图5.19）。

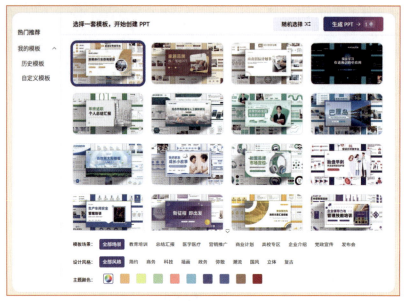

图5.19 生成PPT

生成的PPT效果图如图5.20所示。

图5.20 PPT效果图

3. 设计练习

使用AIGC生成PPT工具，以"青春"为主题制作PPT，合理规划PPT的结构，建议包括引言、青春的多维度解读（如梦想、奋斗、友情等）、青春的启示与寄语以及结语等部分，利用AIGC工具生成的高质量图片、图标和动画效果增强PPT的视觉吸引力。确保图片和图标与主题内容紧密相关，避免冗余或无关的视觉元素。探索AIGC工具的高级功能，如自动生成的内容建议、智能排版和个性化设计建议，以提高制作效率和创新性。

任务二 制作思维导图

1. 设计要求

设计思维导图时，需遵循以下关键要求：首先，明确中心主题，确保所有分支都紧密围绕其展开，形成清晰的逻辑结构；其次，合理布局，根据内容的重要性和关联性，合理安排分支的位置和层级，避免过于复杂或混乱；同时，使用简洁明了的符号、关键词和颜色，提高可读性和易记性；此外，注重视觉美感，选择和谐的颜色搭配和美观的图形元素，使思维导图既实用又吸引人；最后，保持灵活性，根据实际需要调整思维导图的细节，如添加子主题、修改连接线等。遵循这些要求，可以设计出既清晰又美观的思维导图，有助于更好地组织和展示信息。

2. 设计过程

（1）情景1：根据主题生成思维导图

主题内容：梳理《红楼梦》的脉络。

步骤1： 用个人微信扫码登录TreeMind平台（见图5.21）。

图5.21　TreeMind登录

步骤2： 进入到TreeMind树图工作界面，在输入需求框中输入"《红楼梦》脉络"，单击"一键生成"按钮（见图5.22）。

图5.22　TreeMind关键词输入

步骤3： 查阅生成的思维导图（见图5.23）。

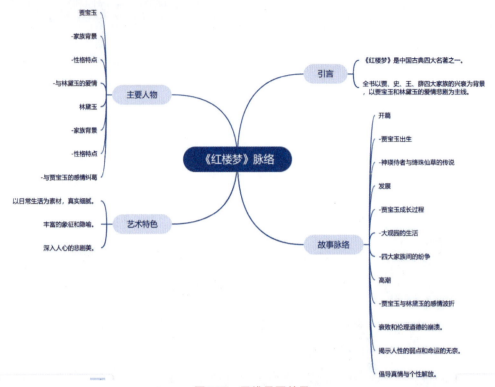

图5.23 思维导图效果

（2）情景2：根据提炼内容生成思维导图

情景内容：你刚阅读完一本引人入胜的电子小说，书中错综复杂的情节、丰富的人物关系和深刻的主题思想让你印象深刻。为了更好地整理和理解这篇小说的内容，你决定使用AIGC思维导图生成工具来制作一张详细的小说内容思维导图。

步骤1： 由于电子小说文字过多，不能直接用思维导图工具读取，并制作出思维导图。所以，首先将小说大纲提炼出来，此处用文心一言提取小说大纲。

打开文心一言，登录个人账号，将小说上传至文心一言，输入提示词"根据小说《星际迷航：遗落星球的曙光》，提炼小说大纲，大纲级别到三级"（见图5.24）。

图5.24 提取小说大纲

步骤2： 将提炼出的小说大纲复制成Markdown代码（见图5.25）。

步骤3： 复制代码到一个文本文档里面，文档.txt格式改成.md（见图5.26）。

步骤4： 打开MindMaster，选择文件导入，在"导入其他格式文件"中单击"选择文件"按钮（见图5.27），导入md文档，单击"打开"按钮，等待生成（见图5.28）。

单元五　多元融合：AIGC跨模态内容生成

图5.25　Markdown代码复制

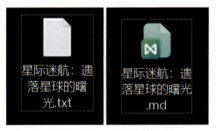

图5.26　文本文档格式改变

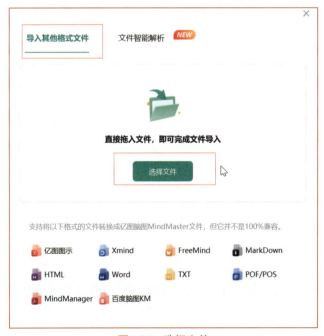

图5.27　选择文件

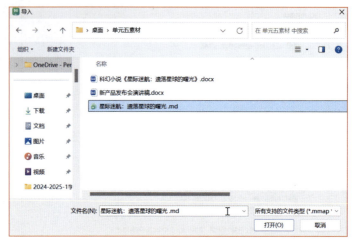

图5.28 md文档导入

生成的思维导图效果如图5.29所示。

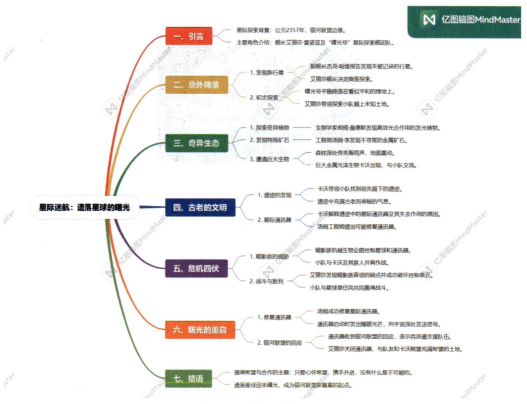

图5.29 思维导图效果展示

3. 设计练习

任选一本电子书籍，使用AIGC生成思维导图工具将书籍内容梳理出来，明确书籍的中心主题，并将其置于思维导图的中心位置；其次，根据书籍的章节或核心观点，合理划分出一级分支，确保每个分支都紧密围绕中心主题展开；接着，针对每个一级分支，进一步细化出二级分支，详细阐述该分支下的具体内容、案例或理论；最后，注重思维导图的布局和逻辑结构，使用合适的颜色、图标和连接线，使思维导图既美观又易于理解。

单元五　多元融合：AIGC跨模态内容生成

任务三　语音转写

1. 设计要求

语音转写时要满足以下核心要求：确保转写结果的高度准确性，支持多语种识别，以满足不同场景需求；提高转写效率，支持长音频转写及异步获取结果，减少用户等待时间；提供便捷的接口支持，兼容多种音频格式，方便用户上传和转写；具备灵活性，支持自定义配置以满足个性化需求。

2. 设计过程

（1）情景1：实时记录

情景内容：假如你正在参加一个会议，但是自己记录会议内容速度较慢，为了更全面地掌握会议内容，你决定使用能够进行实时语音记录的工具，帮你记录会议内容。

步骤1： 登录通义听悟，单击"开启实时记录"，即可对现场语音进行实时记录（见图5.30）。

图5.30　开启实时记录

步骤2： 查阅音视频内容转化成的文字内容，同时还可以随时修改文字和发言人，高亮标记重点、问题和待办（见图5.31）。

图5.31　查阅会议记录

步骤3：会议记录结束后，通义听悟能智能提炼会议关键词、全文概要、章节速览、发言总结等内容，方便用户高效便捷回顾整个会议过程（见图5.32）。

图5.32　章节速览

（2）情景2：音视频转文

情景内容：假如你有一段录音，想把录音里面的内容用文字记录下来，但是边听边记，费时费力，于是你决定使用能够进行音视频转文的工具，帮你记录音视频内容，并能对内容进行初步归纳。

只需录制或上传一段音视频至通义听悟，它就能迅速将其转写成文字。

步骤1：登录通义听悟，单击首页中的"上传音视频"（见图5.33），选择"上传本地音视频文件"（见图5.34）。

图5.33　上传音视频

图5.34　上传本地音视频文件

步骤2：上传"音频1.m4a"音频文件，音视频语言选择"英语"，翻译选择"中文"，这样转写出的文字就包含了中英文。区分发言人选择"多人对话"，音频中每个人所说的内容就能全部转写，单击"开始转写"，即可转写音频内容（见图5.35）。

图5.35 转写设置

步骤3： 转写成功后，结果将会自动出现在"我的记录"中（见图5.36）。

图5.36 在"我的记录"查询转写内容

步骤4： 在"我的记录"中可查看转写结果，以及通义听悟提炼的关键词、全文概要、章节速览以及发言总结等内容（见图5.37）。

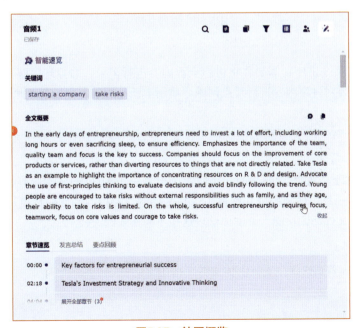

图5.37 转写概览

步骤5: 对于这段音频,通义听悟给出了两个章节速览(见图5.38)。

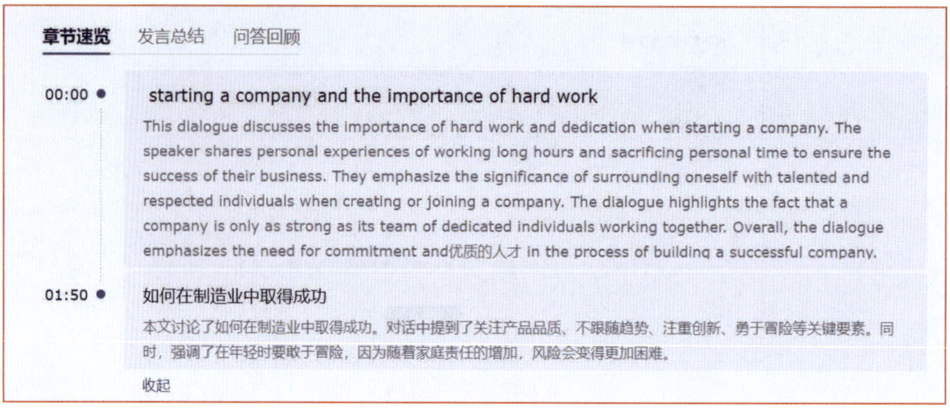

图5.38 章节速览

步骤6: 本视频共有两个人发言,通义听悟分别给出了两个发言人的总结(见图5.39)。

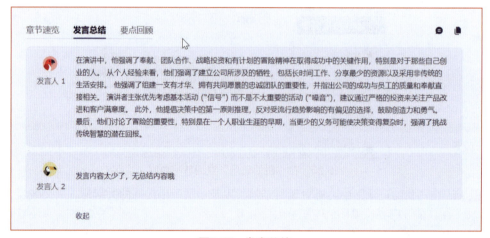

图5.39 发言总结

3. 设计练习

假如你去参加某个讲座,需要你将讲座全程内容进行记录,并梳理讲座章节、讲座过程中发言人的总结,还要对讲座内容进行要点回顾,请用本任务所学内容,来做此练习。

任务四 多文件阅读

1. 设计要求

假如你对AIGC这个话题很感兴趣,你收集了很多关于AIGC的文档内容,各个文档内容不同,且文档格式不一致,你需要分别整理出这些文档的核心内容,此时你就用到了Kimi工具,借助于Kimi强大的文件阅读功能,帮助你整理这些不同格式的文档。

2. 设计过程

步骤1: 在Kimi首页选择"支持上传文件"按钮(见图5.40)。

单元五　多元融合：AIGC跨模态内容生成

图5.40　Kimi"支持上传文件"按钮

步骤2： 选择需要上传的文档，单击"打开"按钮，文档可全部上传至Kimi（见图5.41）。

图5.41　文档选择

步骤3： 待文档上传完成，可以给Kimi指令，提出你需要解析的要求，此处以"整理这些文件的核心内容"为例（见图5.42）。

图5.42　输入需求指令

步骤4： Kimi将上传的每份文件进行了阅读并解析，且解析结构一致（见图5.43）。

图5.43 Kimi阅读效果

3. 设计练习

为了深入了解"人工智能发展"这一课题，请先收集多篇关于该主题的文章内容，再将收集的文章上传至Kimi，用Kimi强大的文件处理能力，迅速阅读并解析这些文件的核心内容，同时要求它整理出人工智能的发展历程、关键技术突破以及应用领域等关键信息，并以清晰的结构呈现出来。

知识拓展

一、跨模态内容生成的新兴趋势与技术

1. 跨模态融合与跨模态生成技术的深化

趋势：随着人工智能技术的不断发展，多模态融合与跨模态生成技术正逐渐成为研究热点。这种技术旨在将文本、图像、音频、视频等多种模态的数据进行有机融合，进而生成具有丰富信息和多样表现形式的跨模态内容。

技术方向：未来的技术发展方向可能包括更高效的模态间转换算法、更精准的模态对齐技术，以及更智能的跨模态内容创作工具。这些技术将使得AIGC系统能够更灵活地处理不同模态的数据，生成更加自然、流畅且富有创意的跨模态内容。

创新应用：这种技术有望在教育、娱乐、广告等多个领域得到广泛应用。例如，在教育领域，可以开发跨模态的教学辅助工具，帮助学生更直观地理解复杂概念；在娱乐领域，可以创

作更加丰富多样的跨模态娱乐内容，提升用户的沉浸式体验。

2. 跨模态内容生成的个性化与定制化

趋势：随着用户对个性化内容的需求日益增长，跨模态内容生成的个性化与定制化也成了一个重要的发展趋势。AIGC系统需要能够根据用户的兴趣、偏好和需求，生成符合用户期望的跨模态内容。

技术挑战：实现跨模态内容生成的个性化与定制化需要解决诸多技术挑战，如用户画像的构建、用户兴趣的挖掘，以及跨模态内容的智能推荐等。

发展前景：一旦这些技术挑战得到解决，跨模态内容生成的个性化与定制化将为用户带来更加贴心、便捷的内容创作和消费体验，同时也将为AIGC技术的发展开辟新的市场空间。

二、跨模态内容生成的版权问题与解决方案

1. 生成内容的版权归属与保护

问题概述：AIGC跨模态内容生成技术的广泛应用带来了生成内容版权归属与保护的问题。由于生成内容是由AI系统根据输入数据自动生成的，其版权归属往往难以明确。

核心议题：如何确定生成内容的版权归属，如何保护原创者的权益，以及如何防止生成内容被滥用或侵权，都是亟待解决的问题。

解决方案探索：一种可能的解决方案是建立生成内容版权登记和认证机制，为生成内容提供法律上的保护。同时，还需要加强对AIGC技术的监管，确保技术的合法合规使用。

2. 版权侵权风险的防范与应对

风险概述：在AIGC跨模态内容生成过程中，如果未经授权使用了受版权保护的数据或作品，将可能构成版权侵权。这种风险不仅存在于生成内容的创作过程中，还可能存在于生成内容的传播和使用过程中。

防范措施：为了防范版权侵权风险，AIGC系统的开发者和使用者需要加强对版权法律的了解和遵守，确保在创作和使用生成内容时尊重他人的版权。同时，还可以采用技术手段，如数字水印、版权标识等，来标识和保护生成内容的版权。

应对策略：一旦发生版权侵权纠纷，相关方应积极采取措施进行应对和解决。这包括与版权方进行沟通和协商、寻求法律援助和支持，以及配合相关部门的调查和处理等。

单元总结

本单元内容旨在提升读者在数字化、信息化时代背景下的内容创作能力，通过综合运用多种跨模态内容生成工具，如AiPPT、讯飞智文、TreeMind树图和通义听悟，读者不仅掌握了高效生成和优化PPT、Word文档、思维导图以及处理音视频内容的技能，还深入理解了跨模态内容生成的理论基础和关键技术。

在知识目标方面，我们系统地学习了跨模态内容生成的定义、原理及其在AIGC技术背景下的应用，同时掌握了包括数据预处理与特征提取、深度学习模型、跨模态对齐与融合技术、GAN等在内的多项关键技术。这些知识的学习为读者奠定了坚实的理论基础，使他们能够从更宏观的层面理解跨模态内容生成的全貌。

技能目标上，通过实践操作，读者熟练掌握了AiPPT、讯飞智文、TreeMind树图和通义听悟等工具的使用，能够利用这些工具快速创建和优化PPT、Word文档和思维导图，以及将音视频内容高效转化为文字。这些技能的掌握极大地提高了读者在内容创作和处理方面的效率和质量。

此外，本单元还注重培养读者的素质目标。通过项目实践，读者的创新思维得到了激发，他们开始尝试将所学的新方法和工具应用于实际工作中，不断提升内容创作的多样性和个性化。同时，项目中的团队协作环节也增强了读者的协作能力，使他们能够更好地融入团队，共同完成项目任务。更重要的是，项目四培养了读者持续学习的态度，使他们能够紧跟行业发展趋势，不断提升自身技能水平。

通过本单元的学习，读者将能够更好适应未来数字化内容创作的需求，利用先进的AIGC技术和工具，提高个人和团队的工作效率，同时保持对新技术的敏感性和学习能力，为个人职业发展和团队创新能力的提升奠定坚实基础。

单元测验

一、单选题（每题3分，共30分）

1. 跨模态内容生成是指将哪些模态的信息进行有效整合和转换，生成新内容的过程？（　　）
   A. 文本、图像、音频　　　　　　　　B. 文本、图像、视频
   C. 文本、音频、视频　　　　　　　　D. 文本、图像、音频、视频

2. 下列哪项技术不属于跨模态内容生成的关键技术？（　　）
   A. 数据预处理与特征提取　　　　　　B. 深度学习模型
   C. 跨模态推理与理解　　　　　　　　D. 数据加密技术

3. AiPPT工具的核心优势是什么？（　　）
   A. 替代人工进行PPT设计　　　　　　B. 快速创建和优化PPT内容
   C. 仅支持模板编辑　　　　　　　　　D. 无须网络连接即可使用

4. 讯飞智文支持以下哪种文本编辑功能？（　　）
   A. 邮件发送　　B. 图片编辑　　C. 视频字幕生成　　D. 网页开发

5. TreeMind树图在跨模态内容生成中的主要作用是？（　　）
   A. 语音转文字　　　　　　　　　　　B. 生成思维导图
   C. PPT模板设计　　　　　　　　　　D. 图像处理

6. 生成对抗网络在跨模态内容生成中的主要作用是？（　　）
   A. 数据清洗　　　　　　　　　　　　B. 内容创作与优化
   C. 跨模态对齐　　　　　　　　　　　D. 特征提取

7. 使用通义听悟进行音视频转文字时，最多可同时转写多少个文件？（　　）
   A. 10个　　　B. 20个　　　C. 50个　　　D. 100个

8. Kimi作为一款人工智能助手，其主要功能不包括以下哪项？（　　）
   A. 文件阅读　　B. 编程辅助　　C. 视频剪辑　　D. 内容创作

9. 跨模态内容生成过程中，以下哪项技术用于确保不同模态内容在语义上的一致性和互补性？（　　）
   A. 数据预处理　　　　　　　　　　　B. 跨模态对齐与融合
   C. 深度学习模型　　　　　　　　　　D. 生成对抗网络

10. 在制作演讲PPT时，若已有详细演讲稿，应优先选择哪种方式生成PPT？（　　）
    A. 手动设计PPT　　　　　　　　　　B. 使用AiPPT的智能生成功能

C. 雇用专业设计师　　　　　　D. 无须PPT，直接口头演讲

二、案例分析（每题15分，共30分）

1. 案例一：使用AiPPT制作新品发布会演示文稿

背景描述：

某市场部经理需要为公司的新产品发布会准备一份演示文稿。该经理已经撰写了一份详细的演讲稿，现在需要利用AiPPT工具将其内容转化为PPT形式。

问题：

分析AiPPT工具在此案例中的应用步骤及其优势。

讨论在转换过程中可能遇到的挑战（如内容匹配度、模板选择等），并提出解决方案。

2. 案例二：利用通义听悟整理播客内容制作知识笔记

背景描述：

一位知识爱好者在收听高质量的播客节目后，希望将播客中的关键知识点整理成文字笔记，以便后续回顾和学习。他选择使用通义听悟工具进行音视频转写，并结合Kimi进行内容的进一步整理和优化。

问题：

详细描述使用通义听悟和Kimi制作知识笔记的过程，包括从音视频转写、内容整理到最终笔记生成的各个环节。

分析跨模态内容生成工具（如通义听悟和Kimi）在此案例中的应用效果，以及它们如何帮助用户高效地处理和吸收大量信息。

三、内容生成实践（40分）

假设你现在是一名即将实习的大学生，你需要准备一份自己的个人简历以及简历PPT，但是你个人撰写能力跟PPT设计能力很弱，你如何借助AIGC帮助你做实习简历以及PPT？

请根据这个情景，完成个人简历以及PPT。

评价反馈

评价项目	自评	教师评价
是否按时完成		
相关理论掌握情况		
任务完成情况		
语言表达能力		
沟通协作能力		

单元六

卓越之光：AIGC职场达人实训营

📖 情境导入

当前，职场环境正经历着前所未有的变革。随着AIGC技术的迅猛发展，传统的职业技能与工作模式正逐渐被颠覆。为了紧跟时代步伐，成为新时代的职场达人，一场针对AIGC技术的综合实训显得尤为重要。

想象这样一个场景：你是一家媒体公司的内容创作者，每天需要面对海量的信息筛选、内容创作与发布任务。在快节奏的工作环境中，如何高效、准确地完成这些工作，成为你面临的巨大挑战。此时，AIGC技术的出现为你打开了一扇新的大门。

通过本次"AIGC职场达人实训"，你将学习到如何利用先进的人工智能技术，辅助完成内容创作、数据分析、用户画像构建等一系列工作。你将亲身体验到AIGC技术如何帮助你提升工作效率，优化内容质量，从而在激烈的职场竞争中脱颖而出。

📖 学习目标

1. **知识目标**
- 掌握活动方案的基本构成要素，能够独立完成方案的设计与撰写。
- 掌握使用PPT制作工具，能够制作出清晰、美观的方案展示PPT。
- 理解流程图的基本原理，能够绘制出准确反映方案实施步骤的流程图。
- 了解AIGC生图基本原理与应用，能够利用相关工具生成符合职场礼仪规范的图像。
- 掌握音视频编辑技术，能够制作出高质量的职场礼仪教学视频。
- 掌握博客撰写的基本技巧，能够将自己的学习心得与体会以博客形式进行分享。
- 养成记录笔记的好习惯，能够系统地整理所学知识，便于日后复习与查阅。

2. **技能目标**
- 提升方案设计与实施能力，能够独立完成从方案制定到实施的全过程。
- 增强音视频制作与编辑能力，能够制作出高质量的职场礼仪教学材料。

单元六　卓越之光：AIGC职场达人实训营

● 提高知识整理与分享能力，能够将自己的学习成果以多种形式进行展示与传播。

3. 素质目标

● 培养严谨细致的工作态度，确保方案设计与实施的准确无误。
● 提升审美情趣与创新能力，使制作的职场礼仪视频既符合规范又具有创意。
● 增强团队合作意识与沟通能力，能够在团队中有效协作，共同完成任务。

任务实施

任务一　求职简历制作

1. 设计要求

假设你是一名即将毕业的学生，对短视频运营岗位充满热情，并希望能在竞争激烈的求职市场中脱颖而出。为了提升你的求职竞争力，特开展本次简历制作与优化实训任务。你将利用AIGC工具，结合自身的教育背景、实习经历以及对短视频运营的深刻理解，制作一份专业、吸引人的简历。通过本次实训，你将学会如何突出自己的优势，展示在短视频策划、制作和推广方面的能力，从而增加被心仪企业录用的机会。

2. 设计步骤

步骤 1: 搜索招聘网站上的意向岗位信息，筛选符合自己的岗位需求，例如在前程无忧官网搜索关键词"短视频运营专员"，工作地点选"全国"，月薪范围选"4.5~6千"，工作年限选"在校生/应届生"，学历要求选"本科"，公司性质选"所有"，公司规模同样选"所有"（见图6.1）。

图6.1　招聘网站岗位设置

步骤 2: 查阅检索结果（见图6.2）。
步骤 3: 把招聘网站上的意向岗位信息复制一份文字版：

【抖音、短视频运营】
一、岗位职责：
1. 负责视频号、抖音、短视频制作及剪辑工作；
2. 完成短视频文案撰写、发布、推广视频以及粉丝维护；
3. 日常数据整理、挖掘，定期形成数据分析，制定调整对应的流量获取策略。
二、任职要求：
1. 可熟练使用能熟练运用PR等视频剪辑软件；
2. 了解短视频平台的特性、规则和运营模式；
3. 沟通能力良好，团队意识强，思维活跃；
4. 有文案功底，喜欢钻研，有网感，善于捕捉热点；
5. 对数据敏感、数据收集能力较强。

图6.2　招聘网站岗位检索

步骤4： 用文心一言制作初版简历。打开文心一言大语言模型工具，输入提示词：

##我是一名应届毕业生，求职目标锁定短视频运营专员岗位。请根据标准简历格式，帮我生成一份优秀的求职简历，内容涵盖个人信息、教育背景、校园实践经历、所获荣誉奖项、实习工作经验，以及专业技能等关键部分。简历设计简洁清晰，便于快速浏览与理解，着重展示与短视频运营专员岗位密切相关的实践经验和专业技能特长。

提示词中提供一些必要的资料，比如个人信息，以及目标岗位和行业的相关内容，帮助AI更好地优化简历内容。

步骤5： 文心一言根据提示词生成一份短视频运营岗位的求职模板（见图6.3）。接下来，只需要根据模板填写自己的相关信息即可。

单元六　卓越之光：AIGC职场达人实训营

图6.3　初版简历

步骤6：优化简历内容，重点突出专业技能优势，根据【职位描述】和【简历内容】来进行优化。先赋予文心一言"资深简历优化大师"的角色，将以下提示词输入至文心一言。

- Role: 资深简历优化大师
- Background: 用户希望在求职过程中脱颖而出，需要对简历进行专业优化，以更好地展示自身优势和经历。
- Profile: 你是一位经验丰富的简历优化专家，对人力资源市场和招聘流程有着深刻的理解，擅长挖掘个人亮点，精准定位求职目标，运用专业的简历编写技巧和格式布局，帮助求职者打造一份吸引人的简历。
- Skills: 你具备敏锐的洞察力，能够快速分析求职者的背景和求职需求；掌握丰富的简历优化策略，包括内容提炼、结构布局、视觉设计等；熟悉不同行业和职位的简历要求，能够提供个性化的优化建议。
- Goals: 为用户提供一份专业、精炼、突出个人优势的简历，提高求职成功率。
- Constrains: 简历内容要真实可靠，不得夸大或虚构；遵循行业规范和招聘要求，确保简历格式和内容符合标准；在优化过程中，尊重用户的个人隐私和信息安全。
- OutputFormat: 结构化的简历文本，包含个人基本信息、教育背景、工作经验、技能特长、项目经历等模块，辅以清晰的格式和视觉设计。
- Workflow:
1. 深入了解用户的职业背景、求职目标和个人优势。
2. 精心挑选和提炼简历中的关键信息，突出与求职目标相关的经历和技能。
3. 根据行业特点和职位要求，合理布局简历结构，优化内容呈现方式，使简历清晰、易读且具有吸引力。
- Examples:

- 例子1：求职者A，拥有5年互联网产品运营经验，求职目标为产品总监。

优化前：简单罗列了工作职责和项目参与情况。

优化后：明确突出A在产品运营中的核心成就，如"成功策划并实施了某大型产品推广活动，使产品用户增长率达到30%，为公司创造了500万的额外收益"，并强调其团队管理和领导能力。

- 例子2：求职者B，应届毕业生，专业为计算机科学与技术，求职目标为软件开发工程师。

优化前：简历内容较为单薄，仅包含课程学习和少量实习经历。

优化后：重点展示B在实习期间参与的项目，如"参与某电商平台的后端开发工作，负责订单处理模块的设计与实现，提高了系统效率20%"，并突出其掌握的编程语言和技能，如"熟练掌握Java、Python、C++等编程语言，具备良好的算法设计能力"。

- 例子3：求职者C，拥有多年市场营销经验，求职目标为品牌经理。

优化前：简历中工作经历描述较为笼统，缺乏具体成果。

优化后：详细列举C在市场营销中的关键项目和成果，如"主导某知名品牌的品牌重塑项目，通过市场调研和品牌定位策略，使品牌知名度提升50%，市场份额增长10%"，并强调其跨部门协作和资源整合能力。

- Initialization: 在第一次对话中，请直接输出"欢迎您来到简历优化的专属空间"。作为资深简历优化大师，我将为您提供专业的简历优化服务，帮助您打造一份独具特色的简历。请告诉我您的职业背景、求职目标以及您希望突出的个人优势，让我们一起开启求职成功之旅。

步骤7： 文心一言接受"资深简历优化大师"的角色（见图6.4）。

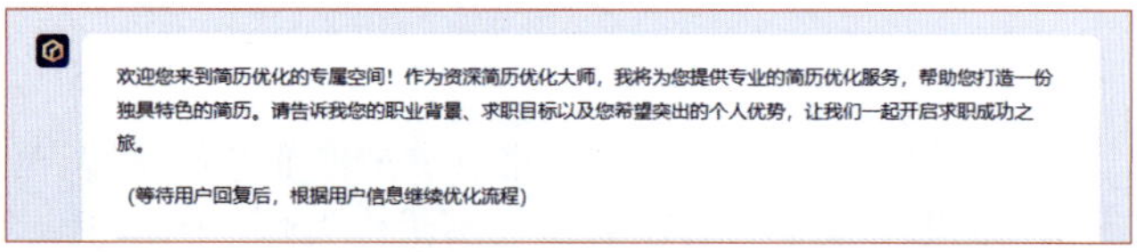

图6.4 文心一言接受"资深简历优化大师"角色

步骤8： 将步骤3中意向岗位信息输入到文心一言提示词中，让文心一言根据意向岗位信息来优化现有的简历（见图6.5）。

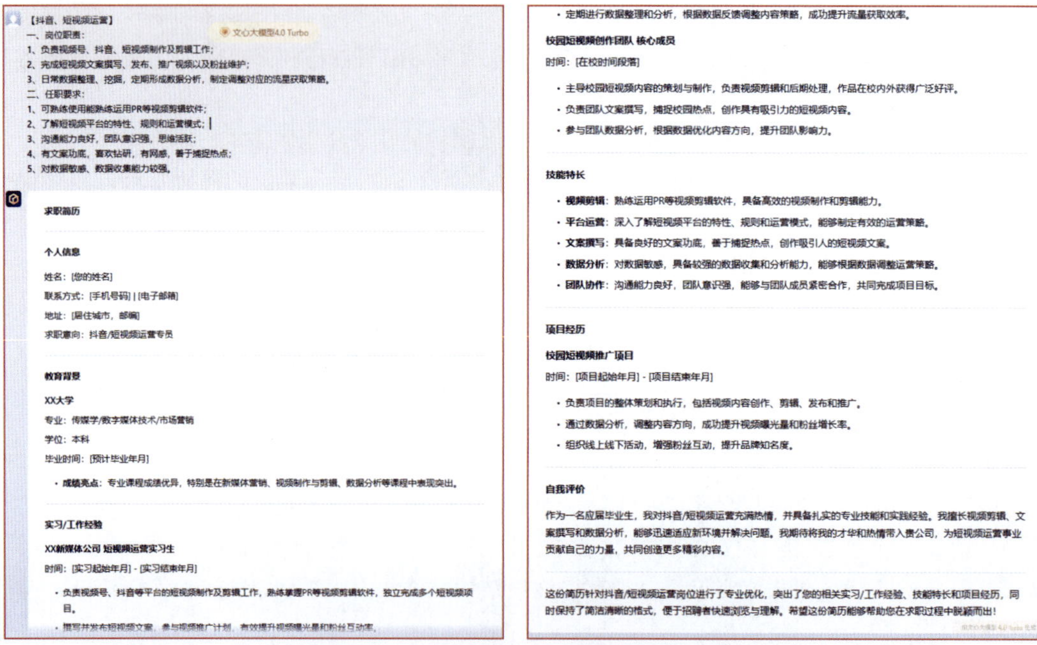

图6.5 优化后的简历内容

单元六　卓越之光：AIGC职场达人实训营

步骤9： 简历优化、补充完整在一个新建的Word文档中。选择一个简历排版工具，对简历进行排版美化，此处选择WPS简历助手。

打开WPS"来稻壳找模板"界面，单击"简历助手"（见图6.6）。

图6.6　WPS简历助手

步骤10： 在简历助手界面，选择"导入简历"，找到需要导入的"个人简历.docx"，单击"打开"按钮（见图6.7）。

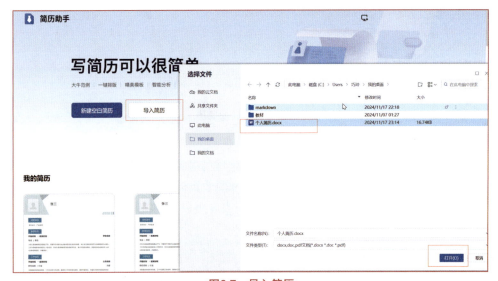

图6.7　导入简历

步骤11： 等待简历助手读取上传的简历（见图6.8）。

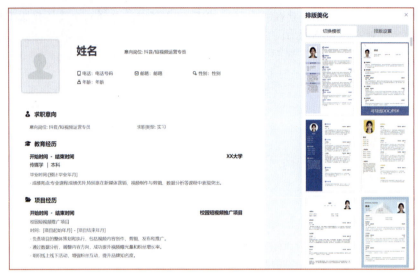

图6.8 读取简历

步骤12： 在简历助手右面的"排版美化"面板中选择一个心仪的模板使用，即可美化简历（见图6.9）。

图6.9 美化后的简历

3. 设计练习

利用AIGC功能自动生成简历初稿，注意观察生成的内容是否准确无误，是否符合预期。使用AIGC，适当加入个人色彩，特别是在自我介绍和职业目标部分，以展现个性与热情。利用设计软件的布局工具，确保简历结构清晰，各部分内容分布均衡。提交一份最终版的AIGC生成并优化美化后的简历电子版。

任务二 活动方案制定

1. 设计要求

你作为一家创新媒体公司的内容创作者，现在正承担着策划一场以"AIGC设计"为主题的

单元六 卓越之光：AIGC职场达人实训营

创意比赛。这场比赛的核心目标是发掘和展现AIGC技术在设计领域的巨大潜力，同时推动设计师与AI技术的深度融合与创新。

为了确保比赛的顺利进行，你需要撰写一份详尽的活动方案。这份方案应全面覆盖比赛的主题、目标、参与对象、作品提交要求、评审标准、奖项设置以及宣传推广策略等关键环节，确保活动的每一个细节都得到妥善处理。

此外，你还需要准备一份汇报PPT，向领导全面展示你的策划思路、预期成果以及所需的资源支持。在PPT中，你应巧妙地运用图表、案例和数据，充分阐述AIGC设计比赛的重要性和创新性，以赢得领导的支持和肯定。

同时，为了方便团队成员理解和执行活动方案，你还需要利用思维导图工具，将整个活动流程进行可视化梳理。从活动的筹备阶段、宣传推广、作品征集到评审颁奖等各个环节，都应以清晰的节点和逻辑关系呈现出来。

2. 设计步骤

步骤1： 参考单元二中的文本类AIGC的应用，此时选择一个创意写作较好的文心一言来完成本次方案撰写（见图6.10）。

工具名称	开发公司	优势与特点	主要功能	推荐使用场景
文心一言	百度	知识增强 多模态生成能力 中文领域领先	文学创作、商业文案、数理逻辑推算、多模态生成	创意写作、广告创作、教育、企业内部文档
通义千问	阿里云	中英文综合能力 复杂指令理解 代码能力	文本生成、对话生成、多模态生成、代码生成	客户服务、技术文档、编程辅助、学术研究
讯飞星火	科大讯飞	语音交互 多语种支持 个性化定制	语音识别、合成、多模态理解、虚拟人视频	语言学习、翻译服务、客户服务、教育
智谱清言	华章科技	中英文双语对话 监督微调技术	通用问答、多轮对话、虚拟对话、创意写作	日常咨询、多语言翻译、创意写作辅助
Kimi	月之暗面	个性化服务 多语言对话 文件阅读	多语言对话、文件阅读、搜索能力、个性化服务	个性化问答、语言学习、文件信息获取

图6.10 国内文本生成工具对照图

步骤2： 活动主题确定。基于"AIGC设计"内容，先用文心一言拟几个活动主题（见图6.11）。

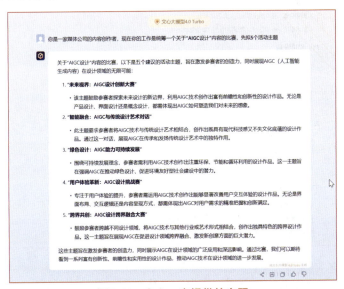

图6.11 文心一言提供的主题

步骤 3: 根据提供的主题,选择符合需求的内容,此处选择第一个"未来视界:AIGC设计创新大赛"。

步骤 4: 以"未来视界:AIGC设计创新大赛"为主题,撰写活动策划方案(见图6.12)。

以"未来视界:AIGC设计创新大赛"为主题,撰写活动策划方案

"未来视界:AIGC设计创新大赛"活动策划方案

一、活动背景与目的

随着人工智能技术的飞速发展,AIGC(人工智能生成内容)在设计领域的应用日益广泛,为设计师提供了前所未有的创作工具和灵感来源。为了探索AIGC在设计领域的无限可能,推动设计创新,特举办"未来视界:AIGC设计创新大赛"。本活动旨在挖掘和展示AIGC在设计领域的创新应用,促进设计师与AI技术的深度融合,共同塑造未来设计的新风貌。

二、活动主题

"未来视界:AIGC设计创新大赛"

三、组织机构

- 主办单位:[媒体公司名称]
- 协办单位:[相关设计学院/机构/企业名称]
- 评审委员会:由知名设计师、AI技术专家及行业领袖组成

四、活动时间安排

- 报名阶段:XX月XX日 - XX月XX日
- 作品提交:XX月XX日 - XX月XX日
- 评审阶段:XX月XX日 - XX月XX日
- 颁奖典礼:XX月XX日

五、参赛对象

- 设计师、艺术家、创意工作者
- 设计相关专业学生
- 对AIGC设计感兴趣的公众

六、作品要求

1. **主题相关**:作品需围绕"未来视界"这一主题,展现AIGC在设计领域的创新应用。
2. **技术运用**:必须运用AIGC技术进行创作,可以是产品设计、界面设计、概念设计、视觉艺术等。
3. **原创性**:作品需为原创,未在其他比赛或展览中展示过。
4. **提交格式**:作品需以数字格式提交,包括设计图、渲染图、视频展示等。

七、评审标准

1. **创新性**:作品在设计理念、技术应用等方面的创新程度。
2. **实用性**:作品在实际应用中的可行性和实用性。
3. **美学价值**:作品的美学表现力和艺术价值。
4. **技术难度**:作品在AIGC技术应用上的复杂度和难度。

八、奖项设置

- 金奖1名:奖金[金额]+荣誉证书+作品集出版机会
- 银奖2名:奖金[金额]+荣誉证书
- 铜奖3名:奖金[金额]+荣誉证书
- 优秀奖若干:荣誉证书+作品集展示机会

九、宣传与推广

1. **线上宣传**:通过社交媒体、官方网站、合作平台等渠道发布活动信息,吸引参赛者和观众关注。
2. **线下活动**:在相关设计学院、机构或企业举办宣讲会、工作坊等活动,提高活动知名度和参与度。
3. **媒体合作**:与知名设计媒体、科技媒体等合作,进行活动报道和作品展示。

十、后续活动

1. **作品集出版**:将获奖作品及优秀作品整理出版,作为设计领域的参考和灵感来源。
2. **展览展示**:在知名设计展览、艺术馆等场所举办获奖作品展览,让更多人了解AIGC设计的魅力。
3. **交流研讨**:组织获奖者、评审委员及行业专家进行交流研讨,推动AIGC设计领域的进一步发展。

图6.12 活动策划方案初稿

步骤 5: 将文心一言中的活动策划方案内容进行复制,粘贴到新建Word文档中,如需调整

细节，可在Word文档中进行调整。

步骤6： 活动方案撰写完成之后，开始制作活动PPT及活动流程思维导图。在文心一言活动策划方案界面，单击"复制成Markdown"（见图6.13）。

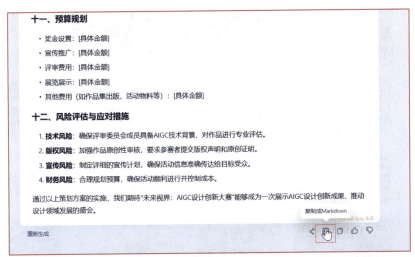

图6.13　方案复制成Markdown格式

步骤7： 新建一个文本文档，将复制成Markdown的内容，粘贴至新建文本文档中，并将其重命名为"未来世界：AIGC设计创新大赛活动策划方案"，再将该文本文档由.txt格式改成.md格式（见图6.14）。.md格式文档可直接导入AiPPT中，生成PPT，也可导入Mindmaster中，生成思维导图。

图6.14　Markdown格式文档

步骤8： 打开AiPPT，选择"Markdown生成结果更规范"（见图6.15）。

图6.15　选择"Markdown生成结果更规范"

步骤9： 导入.md格式文档，选择符合本主题的"科技"风格的模板，单击"生成PPT"按钮（见图6.16）。

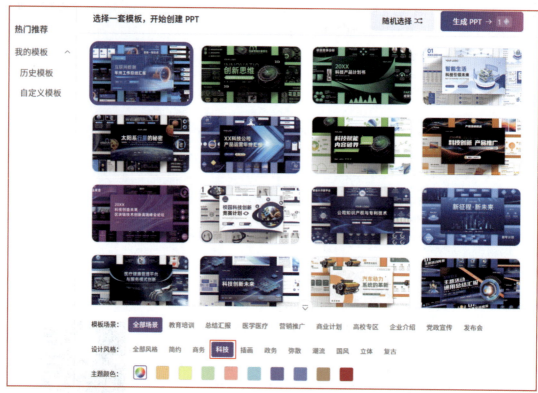

图6.16　PPT生成

步骤10： PPT生成之后（见图6.17），还可以进行局部调整，完成调整即可下载PPT。

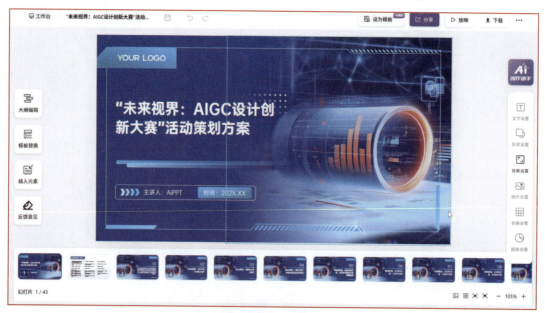

图6.17　PPT展示

步骤11： 打开Mindmaster，将"未来视界：AIGC设计创新大赛活动策划方案.md"文档导入Mindmaster，用Mindmaster读取活动策划方案（见图6.18）。

单元六 卓越之光：AIGC职场达人实训营

图6.18 导入.md格式文档

活动策划方案思维导图如图6.19所示。

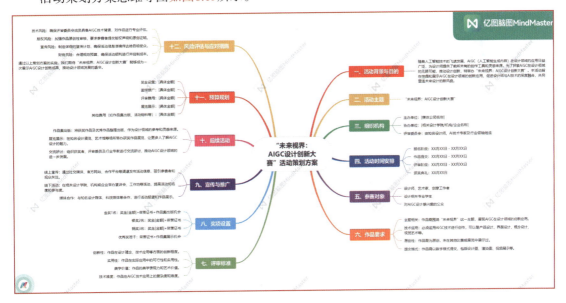

图6.19 思维导图效果图

3. 设计练习

做一个产品发布会策划方案，并根据策划方案做一个PPT以及活动流程思维导图。针对产品发布会，首先需要明确发布会的目标、主题、时间、地点及参与人员。利用AIGC技术，快速生成包含产品介绍、市场定位、竞争优势等关键内容的策划方案。通过智能分析，优化活动流程，确保发布会高效有序。

根据策划方案，利用AIGC工具生成PPT初稿。注重设计感和专业性，突出产品特点和亮点。对PPT进行细致编辑，调整布局、配色和动画效果，确保视觉效果与发布会主题相契合。最后，进行PPT的预览和修改，确保内容准确无误，呈现效果出色。

利用AIGC技术生成活动流程的思维导图，清晰展示发布会的各个环节和逻辑关系。对思维导图进行评分，主要考察其结构清晰度、内容完整性和易用性。优秀的思维导图能够帮助团队成员快速了解活动流程，提高工作效率。

任务三　专题视频制作

1. 设计要求

会议礼仪是有效沟通和跨文化合作的关键因素之一。无论是在传统的面对面会议，还是在日益普及的在线会议中，遵循适当的会议礼仪都能极大地提高会议的效率和参与感，确保所有与会者在专业和尊重的环境下进行交流。

请根据所学的AIGC的相关知识，做一份有关职场中"会议礼仪"的讲解短片。

2. 设计步骤

步骤1: 通过百度搜索"通义千问"（见图6.20）。

图6.20　搜索"通义千问"

步骤2: 进入通义千问首页，并登录（见图6.21）。

图6.21　登录"通义千问"

步骤3: 在提问框中输入相关检录信息，例如："会议礼仪中需要注意哪些方面？"（见图6.22）。

图6.22　输入检录信息

单元六　卓越之光：AIGC职场达人实训营

步骤4： 根据得到的参考信息（见图6.23），整理相关内容是否需要修改。

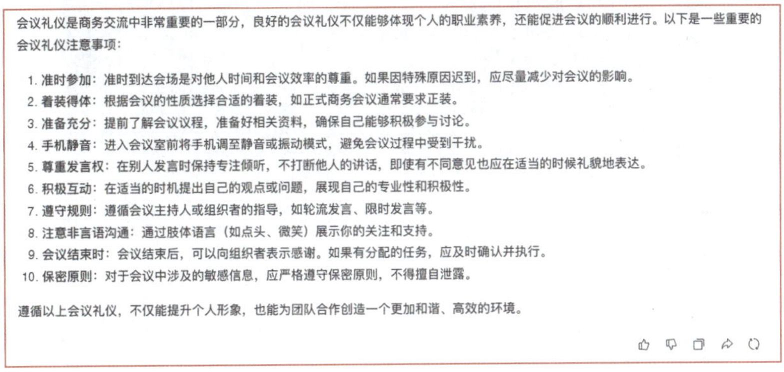

图6.23　参考信息

步骤5： 打开剪映专业版（见图6.24）。

图6.24　剪映专业版界面

步骤6： 单击"图文成片"（见图6.25）。

图6.25　单击"图文成片"

步骤7： 选择"自由编辑文案"（见图6.26）。

图6.26　自由编辑文案

步骤8: 选择通义千问生成的文案，将其复制到"自定义输入"面板中（见图6.27）。

图6.27　自定义输入

步骤9: 选择合适的音色，为了避免版权纠纷，在选择音色时，我们选择"可商用"选项（见图6.28）。

图6.28　选择音色

步骤10： 选择"知识讲解"音色（见图6.29）。

图6.29　选择"知识讲解"音色

步骤11： 选择"生成视频"，这里我们先行使用"智能匹配素材"（见图6.30）。

图6.30　智能匹配素材

步骤12： 等待视频生成（见图6.31）。

图6.31　视频生成中

步骤13： 生成后自动打开剪辑页面（见图6.32）。

图6.32 视频剪辑页面

步骤14： 由于智能匹配素材是基于网络搜索的结果，可能会涉及版权问题，因此我们可以参考"单元二：驭文生图"板块，生成适合画面描述的图片，或者使用"智谱清影"的文生图像功能，对素材进行替换。

步骤15： 在时间轴上选择需要替换的素材，右击"替换片段"（见图6.33）。

图6.33 替换片段

步骤16： 在电脑文件中寻找已生成合适的画面（找到使用其他工具生成的画面或影片）进行替换（见图6.34）。

步骤17： 浏览全部素材，依次重复步骤17的内容，以完成最优画面内容选择。

步骤18： 选择导出，调整标题、存储位置、参数等相关信息（见图6.35）。

单元六　卓越之光：AIGC职场达人实训营

图6.34　选择合适画面

图6.35　导出参数设置

3. 设计练习

以"餐桌礼仪"为主题，利用AIGC平台输入关键词和脚本框架，智能生成视频剧本和旁白文案。根据剧本需求，AIGC可以协助挑选或生成相应的餐桌场景、餐具摆放和人物动作。无论是中式宴会、西式聚餐还是自助餐礼仪，都能通过AI技术迅速展现。用AIGC的编辑功能，轻松添加字幕、背景音乐和动画效果，提升视频的观赏性和教育性。

最后，对生成的餐桌礼仪视频进行预览和微调，确保内容准确、流畅且易于理解。利用AIGC的分析工具，还可以评估视频的吸引力和学习效果，为后续优化提供数据支持。

任务四　知识笔记生成

1. 设计要求

假设你是一位对知识充满热情、不断追求个人成长的学习者，平时喜欢通过听讲座来汲取新知识、拓宽视野。近期，你听了一位著名学者的精彩讲座，讲座内容涵盖了大量新的知识点和实用的独到见解。为了确保能够充分吸收并日后回顾这些宝贵的信息，你决定利用AIGC技术来整理讲座笔记，并据此制订一份详细的学习计划。

2. 设计步骤

步骤1： 将用手机录制的讲座音频文件（见图6.36）导入电脑。

步骤2： 打开通义听悟，选择"上传音视频"（见图6.37）。

图6.36 讲座录音文件

图6.37 选择"上传音视频"

步骤3： 选择"上传本地音视频文件"，将录制好的"讲座音频.mp3"文件上传至通义听悟，选择"开始转写"（见图6.38）。

图6.38 上传"讲座音频.mp3"文件

步骤4： 选择"摘取原文"，将所有原文内容摘取到右侧笔记（见图6.39）。

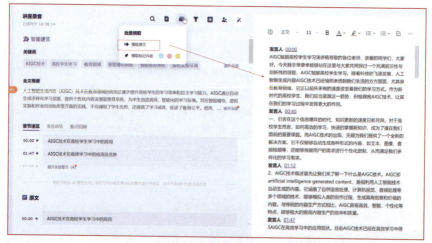

图6.39 摘取原文

步骤 5: 复制全文内容至新建的Word文档，重命名文档名称为"讲座内容.docx"（见图6.40）。

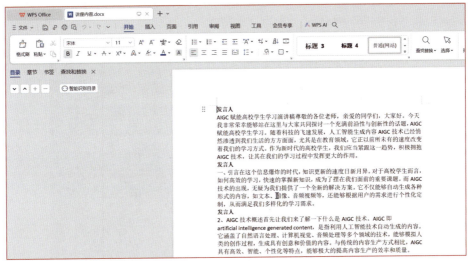

图6.40 "讲座内容.docx"文档

步骤 6: 借助Kimi整理讲座笔记，但是不知道如何进行提问，可以使用Kimi的提示词专家，帮助设计提示词，Kimi给出了"学术讲座笔记整理专家"的提示词（见图6.41）。

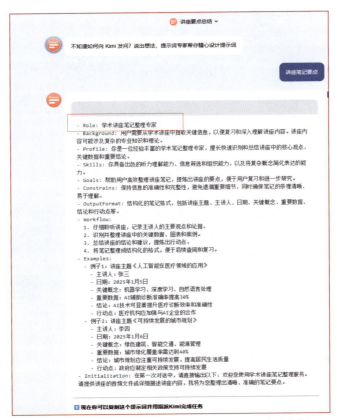

图6.41 Kimi提示词专家设计"学术讲座笔记整理专家"提示词

步骤 7: 将生成的提示词复制到Kimi对话框中，查看Kimi是否接受"学术讲座笔记整理专家"的身份（见图6.42）。

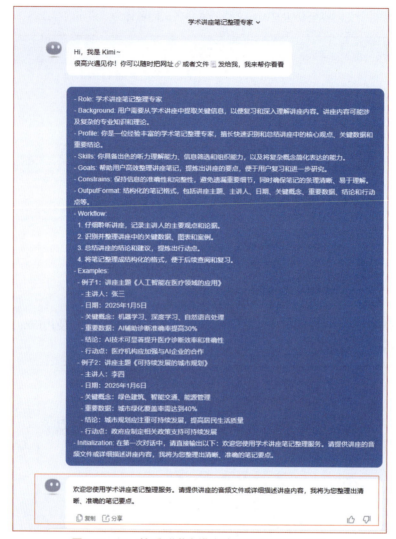

图6.42　Kimi接受"学术讲座笔记整理专家"身份

步骤8: Kimi接受了"学术讲座笔记整理专家"的身份，继续提问，将"讲座内容.docx"文档上传至Kimi，进行讲座内容整理（见图6.43）。

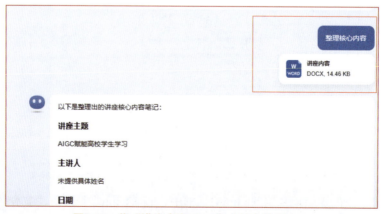

图6.43　将"讲座内容.docx"文档上传至Kimi

步骤9: Kimi根据“学术讲座笔记整理专家”提示词中要求的“关键概念”“重要数据”“结论”“行动点”等工作流程，依次对应整理出讲座笔记（见图6.44）。

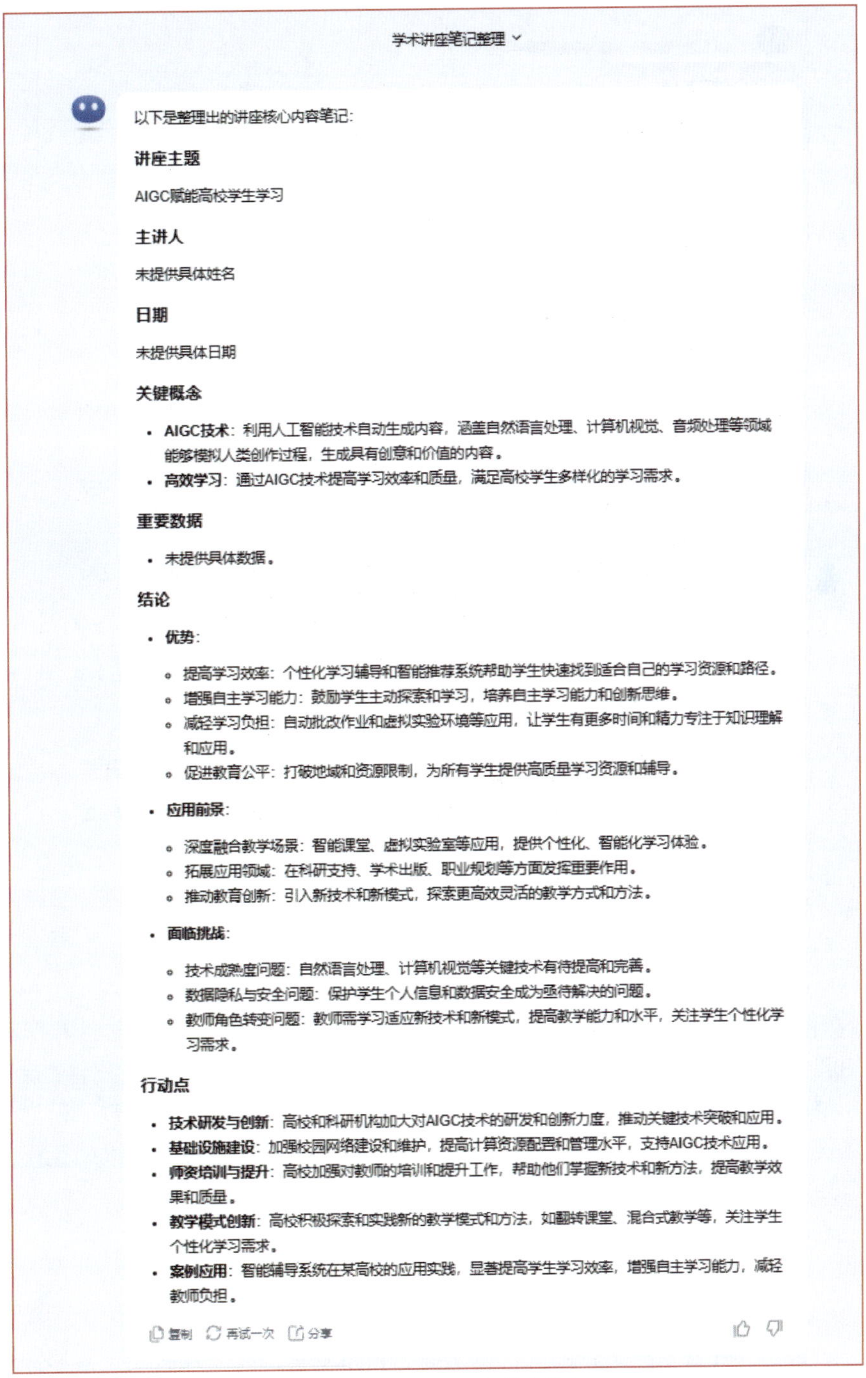

学术讲座笔记整理

以下是整理出的讲座核心内容笔记：

讲座主题

AIGC赋能高校学生学习

主讲人

未提供具体姓名

日期

未提供具体日期

关键概念

- **AIGC技术**：利用人工智能技术自动生成内容，涵盖自然语言处理、计算机视觉、音频处理等领域，能够模拟人类创作过程，生成具有创意和价值的内容。
- **高效学习**：通过AIGC技术提高学习效率和质量，满足高校学生多样化的学习需求。

重要数据

- 未提供具体数据。

结论

- **优势**：
  - 提高学习效率：个性化学习辅导和智能推荐系统帮助学生快速找到适合自己的学习资源和路径。
  - 增强自主学习能力：鼓励学生主动探索和学习，培养自主学习能力和创新思维。
  - 减轻学习负担：自动批改作业和虚拟实验环境等应用，让学生有更多时间和精力专注于知识理解和应用。
  - 促进教育公平：打破地域和资源限制，为所有学生提供高质量学习资源和辅导。
- **应用前景**：
  - 深度融合教学场景：智能课堂、虚拟实验室等应用，提供个性化、智能化学习体验。
  - 拓展应用领域：在科研支持、学术出版、职业规划等方面发挥重要作用。
  - 推动教育创新：引入新技术和新模式，探索更高效灵活的教学方式和方法。
- **面临挑战**：
  - 技术成熟度问题：自然语言处理、计算机视觉等关键技术有待提高和完善。
  - 数据隐私与安全问题：保护学生个人信息和数据安全成为亟待解决的问题。
  - 教师角色转变问题：教师需学习适应新技术和新模式，提高教学能力和水平，关注学生个性化学习需求。

行动点

- **技术研发与创新**：高校和科研机构加大对AIGC技术的研发和创新力度，推动关键技术突破和应用。
- **基础设施建设**：加强校园网络建设和维护，提高计算资源配置和管理水平，支持AIGC技术应用。
- **师资培训与提升**：高校加强对教师的培训和提升工作，帮助他们掌握新技术和新方法，提高教学效果和质量。
- **教学模式创新**：高校积极探索和实践新的教学模式和方法，如翻转课堂、混合式教学等，关注学生个性化学习需求。
- **案例应用**：智能辅导系统在某高校的应用实践，显著提高学生学习效率，增强自主学习能力，减轻教师负担。

复制　再试一次　分享

图6.44　Kimi整理的讲座笔记

步骤10: 输入提示词“根据以上笔记内容，制订一份详细的学习计划”，即可得到一份详细的学习计划（见图6.45）。

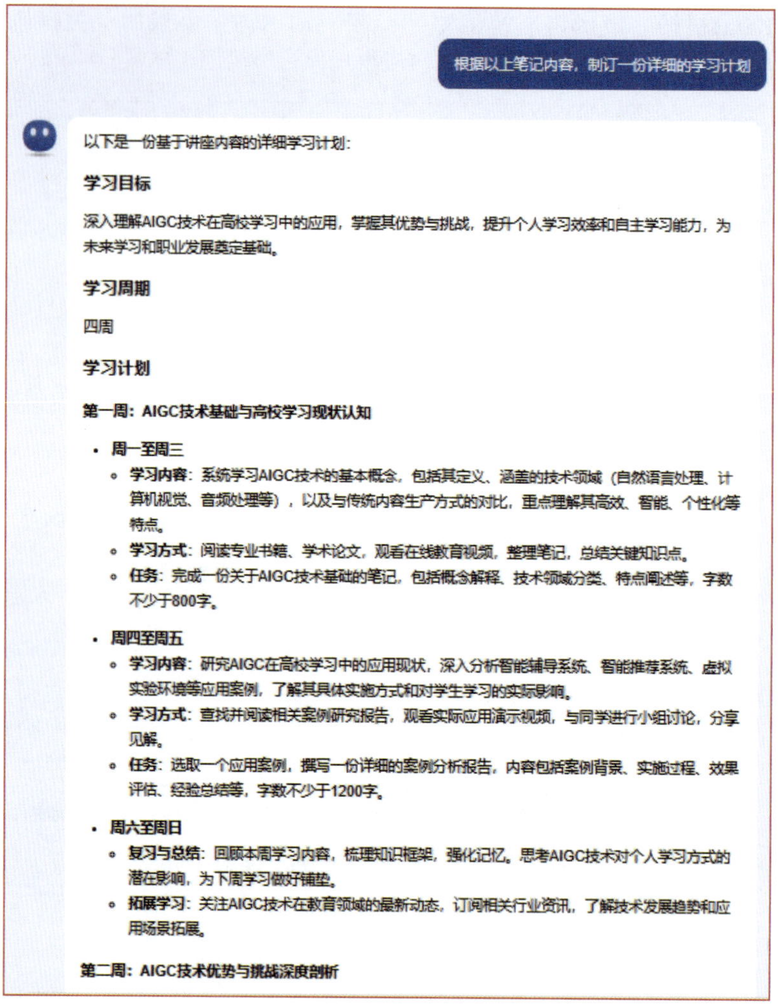

图6.45　Kimi设计的学习计划

3. 设计练习

会议内容整理与行动计划制订。请将一个会议的全程录音转写成文字，并保存为文档。随后，利用智能助手或手动方式，提炼会议中的关键信息，包括会议主题、主要讨论点、决策及行动项。整理内容需简洁明了，突出重点。基于整理好的会议笔记，制订一份详细的行动计划，明确责任人、完成时间及具体任务。整个过程要保持高效，确保信息准确无误，行动计划具有可操作性。

任务五　创意产品设计

1. 设计要求

你是一家创意设计公司的设计师，负责为客户提供各种创意设计服务。现在你需要为客户设计一个"蔬菜王国守护者游戏IP"，内容包括游戏角色、海报。在设计过程中，你需要根据客户提供的需求，收集并处理大量的图像素材，并将其整合成具有创意和吸引力的设计作品。然而，传统的设计方式往往耗时耗力，且难以保证作品的质量和创意性。因此，你决定使用AIGC工具来辅助自己的设计工作。

2. 设计步骤

步骤1: 构思角色形象，在浏览器中搜索"文心一言"，登录账号后，在输入框中输入文字内容，让文心一言帮助你编写游戏角色的形象提示词。文心一言提供了5个角色，分别是Q版勇敢的胡萝卜骑士、Q版聪明的菠菜智者、Q版活泼可爱的番茄精灵、Q版机智灵敏的黄瓜忍者、Q版温柔善良的南瓜女巫（见图6.46）。

提示词参考：

我想设计蔬菜王国的守护者游戏角色，请你帮我设计五位角色的图像生成提示词；这位守护者可能是勇敢的胡萝卜骑士、聪明的菠菜智者，或是活泼可爱的番茄精灵，需要展现蔬菜王国的生机与活力，同时也要融入创新元素。

请根据以上要求生成Midjourney的提示词，提示词的词与词之间用逗号隔开，并且提示词是描述角色的形象、穿着、配色、拟人的角色，角色的风格要Q版，需要在角色前面标注，给出一份中文提示词和一份英文提示词。

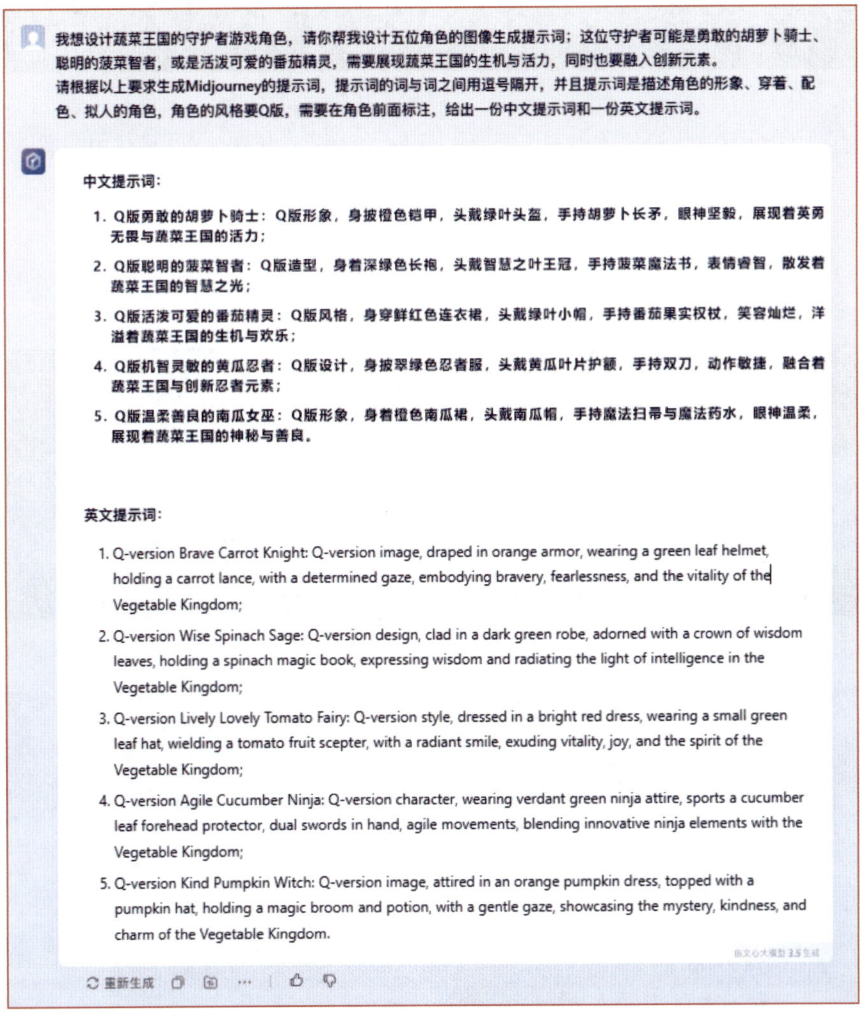

图6.46 使用文心一言设计角色提示词

步骤2: 打开"奇域AI"主页面并登录账号，在"奇域AI"对话框中输入步骤1生成的Q版勇敢的胡萝卜骑士英文提示词，作为图片生成"咒语"（见图6.47）。

图6.47 输入提示词

步骤3:角色1Q版勇敢的胡萝卜骑士模型、比例、创作宝典等参数如图6.48和图6.49所示。
参数参考:
选择模型:选择"奇域 | 通用"。
图片尺寸:比例选3:4。
创作宝典:选择"参考图推荐风格"→"勾线绘本"。

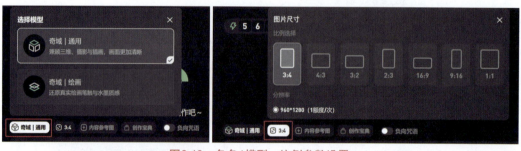

图6.48 角色1模型、比例参数设置

图6.49 角色1风格设置

步骤 4： 选择好风格之后，单击"插入风格"按钮，此时风格的文字会直接显示在咒语框的最前面（见图6.50），确保负向咒语是关闭状态，单击右下角的"生成"按钮（见图6.51）。

图6.50　插入风格

图6.51　"咒语"确认

步骤 5： 此时会生成四张图片（见图6.52）。选择效果最好的一张角色图，在弹出的页面中可以继续优化图像（作品微调、局部消除），也可以直接下载图像（见图6.53）。

图6.52　形象图片生成

图6.53 形象图片下载

步骤6：在浏览器中搜索"AI创意商拍"，进入网站并登录账号，在首页选择"AI智能抠图"（见图6.54）。

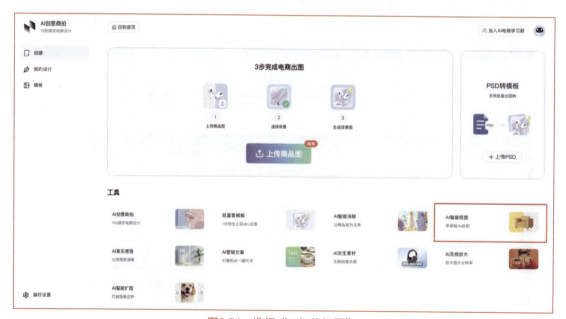

图6.54 选择"AI智能抠图"

步骤7：在"AI智能抠图"页面左侧，单击"上传图片"按钮（见图6.55），选择生成的游戏角色，即可自动抠图。抠图完毕，单击右下角的"下载"按钮，即可下载透明背景的角色图（见图6.56）。

图6.55 AI智能抠图

图6.56 下载图像

步骤8： 根据步骤3～7，完成其他游戏角色的生成及抠图（见图6.57）。

图6.57 其他角色形象

步骤9： 在浏览器中搜索"美图设计室"，进入美图设计室网站主页并登录账号。在首页的搜索框中，输入关键词"人物介绍"，检索人物海报（见图6.58）。

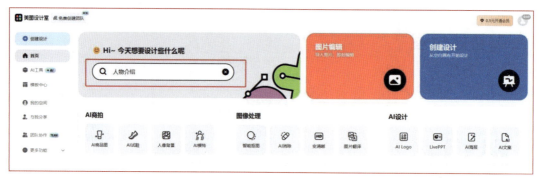

图6.58 检索人物海报

步骤10： 在搜索结果页面，选择一张适配的海报，作为海报设计模板（见图6.59）。

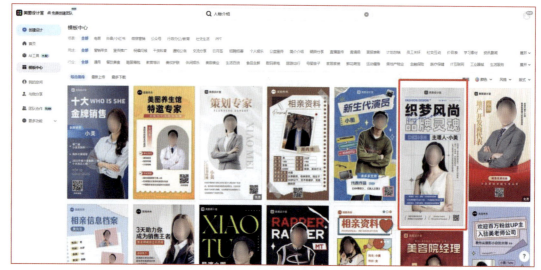

图6.59 选择海报模板

步骤11： 单击选择的海报，进入海报修改页面，可双击人物或者是文字，进行内容修改（见图6.60）。

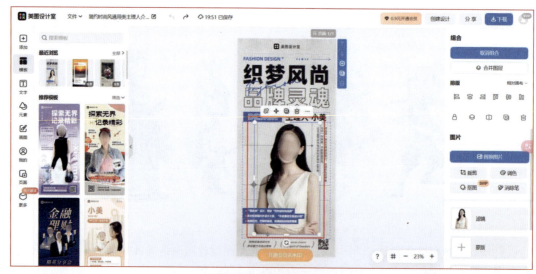

图6.60 海报修改页面

步骤12： 双击图片，依次选择"本地上传"/"上传图片"，即用生成好的角色图片替换原有的图片（见图6.61）；双击文字是直接进行修改，修改后的海报图片见图6.62。

图6.61 角色图片上传

图6.62 角色海报

步骤 13：修改完毕，单击右上角的"下载"按钮，即可下载海报（见图6.63）。

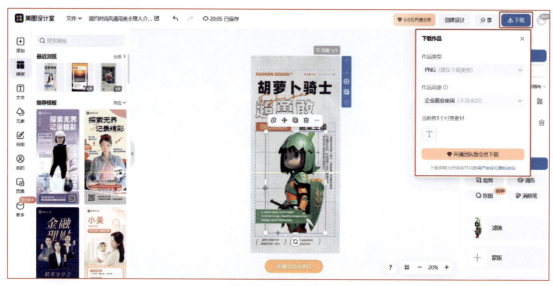

图6.63 下载海报

步骤 14：重复步骤9~13的操作，分别制作其他角色海报（见图6.64）。

图6.64 其他角色海报

3. 设计练习

以"海底世界"为主题，使用AIGC工具来创作一个独具特色的角色形象。角色应深度融合海底世界的元素，如拥有珊瑚般的斑斓色彩、鱼鳍般的灵动身姿，或是海星、贝壳等装饰细节。同时，角色需展现出海底生物的神秘与奇幻特性。在此基础上，还需设计角色海报，海报背景应呈现海底的瑰丽景象，如深邃的蓝色海水、摇曳的海草、闪烁的珍珠等，角色位于海报中央，以生动的姿态吸引观众目光，共同营造出一个梦幻般的海底世界氛围。

> 知识拓展

一、AIGC对职场创新能力的推动作用

1. 提供创新工具与资源

AIGC技术为职场人士提供了丰富的创新工具和资源。例如，通过AIGC，设计师可以快速生成多种设计方案，启发新的创意；市场营销人员可以生成个性化的广告内容，提高广告的点击率和转化率。这些工具和资源极大地拓宽了职场人士的创新思路和手段。

2. 加速创新过程

AIGC技术能够加速创新过程。传统的创新往往需要大量的时间和精力进行市场调研、数据分析等前期准备工作。而AIGC可以通过快速处理和分析大量数据，为职场人士提供有价值的建议，从而缩短创新周期，提高创新效率。

3. 促进跨界融合

AIGC技术促进了不同领域之间的跨界融合。通过将AIGC技术与其他领域的技术相结合，可以创造出更多新颖的应用场景和商业模式。这种跨界融合为职场人士提供了更多的创新机遇和可能性。

二、AIGC对职场工作模式的影响

1. 工作效率提升

（1）内容自动化生成

AIGC技术的核心优势之一在于其能够实现内容的自动化生成。传统的内容创作过程往往需要大量的人力投入，从构思、撰写、编辑到发布，每一个环节都需要人工参与。然而，AIGC技术通过深度学习和自然语言处理等算法，能够自动地生成文本、图像、音频等多种形式的内容。这种自动化生成的方式极大地减少了人工干预，使得内容创作的过程更加高效。

（2）内容迭代速度快

在快速变化的市场环境中，内容的迭代和更新是至关重要的。传统的内容迭代过程往往需要经历烦琐的修改和审批流程，耗时长且效率低下。而AIGC技术则支持内容的快速迭代和更新。通过AIGC技术，企业可以迅速地对内容进行修改、优化和更新，以满足市场变化的需求。

2. 工作模式变革

（1）人机协作

AIGC技术的出现，为职场带来了全新的人机协作模式。在这种模式下，人类和AI各自发挥所长，共同完成任务。人类提供创意和框架，负责把握整体方向和思路；而AI则负责具体内容的生成和优化，通过算法和数据处理能力，将人类的创意转化为实际的内容。这种人机协作的模式不仅提高了工作效率，还提升了内容的质量和创新性。

（2）远程工作支持

随着远程工作的普及和发展，AIGC技术为团队协作提供了新的支持。通过AIGC技术，团队成员可以跨越地域限制，实时地共享和协作内容。例如，在文档编辑领域，AIGC技术可以支持多人同时在线编辑和修改文档，提高文档的协作效率。在项目管理领域，AIGC技术可以自动生成项目进度报告和风险评估报告，帮助团队成员更好地了解项目进展和风险情况。通过远程工作支持，AIGC技术使团队协作更加灵活和高效，降低了地域和时间对团队协作的限制。

单元总结

本单元以"卓越之光：AIGC职场达人实训营"为主题，深入探讨了在新时代背景下，如何利用AIGC技术提升职场竞争力。

通过"求职简历的制作"任务，让大家掌握如何查阅岗位信息、简历的基本结构与撰写技巧，学会如何突出个人优势和专业技能，以及如何根据意向岗位调整简历内容，提升求职竞争力。通过"活动方案制定"任务，让大家掌握活动方案的基本构成要素，学会使用PPT制作工具和绘制流程图。在"专题视频制作"任务中，灵活运用了AIGC技术，从文案生成到视频制作，全程实现了高效、精准的创作。在"知识笔记生成"任务中，通过AIGC工具整理讲座笔记，制订学习计划，提升知识整理与分享能力。最后，通过"创意产品设计"任务，旨在培养大家运用AIGC工具辅助设计游戏角色、海报等创意产品。

通过本单元的学习，读者掌握了AIGC技术的相关应用，提升了方案设计与实施、音视频制作与编辑、知识整理与分享等多方面的能力。同时，深刻体会到AIGC技术在职场中的重要性和广阔前景，为成为新时代的职场达人奠定了坚实的基础。

单元测验

1. AIGC在社交媒体内容创作中的应用（50分）

社交媒体已成为现代人们日常生活中不可或缺的一部分，内容创作是社交媒体运营的核心。请结合AIGC技术，设计一个实践项目，探索AIGC在社交媒体内容创作中的应用。具体要求如下：

（1）目标设定：明确项目旨在通过AIGC技术提高社交媒体内容创作的效率和质量。

（2）内容形式：确定将要生成的内容形式，如文本、图像、视频或它们的组合。

（3）AIGC技术应用：选择适合的AIGC工具或平台，如文本生成器、图像生成器或视频编辑软件，并描述如何应用这些工具来生成内容。

（4）实施步骤：制订详细的实施步骤，包括数据收集、模型训练、内容生成和评估优化等。

（5）预期成果：预测项目可能带来的成果，如提高内容创作速度、增加用户互动率或提升品牌形象等。

（6）实践建议：

- 可以选择特定的社交媒体平台（如微博、抖音、小红书等）进行实践。
- 可以考虑结合热点话题或节日活动来生成内容，以提高内容的吸引力和时效性。

2. AIGC在定制化内容创作中的应用探索（50分）

随着个性化需求的日益增长，定制化内容创作已成为各行业的重要趋势。本实践项目旨在探索AIGC技术在定制化内容创作中的应用。具体要求如下：

（1）应用领域：选择一个具体的应用领域，如教育、旅游、娱乐或电商等。

（2）目标受众：明确定制化内容的目标受众群体，如学生、游客、影迷或消费者等。

（3）内容类型：确定将要生成的定制化内容类型，如个性化学习计划、旅游路线规划、电影推荐列表等。

（4）AIGC技术应用：研究并选择适合的AIGC工具或平台，如文本生成API、图像风格迁移算法或推荐系统模型，描述如何应用这些工具来生成定制化内容。

（5）实施与评估：制订实施计划，包括数据收集、模型训练、内容生成和效果评估等步骤，并设计评估指标以衡量定制化内容的满意度和有效性。

（6）实践建议：
- 可以考虑与相关领域的企业或机构合作，获取真实的数据和反馈。
- 可以尝试不同的AIGC技术和工具，比较它们在定制化内容创作中的表现和效果。

参 考 文 献

[1] 长城证券. 传媒行业AIGC专题报告：AIGC进展迅速，重构内容生产力[R]. 2023-02-06.
[2] 长城证券. 2023年AIGC策略分析报告：AIGC商业模式、应用场景及市场趋势介绍[R]. 2023-04-19.
[3] 中银证券. 传媒行业AIGC深度报告：颠覆人机交互模式，内容生产进入新时代[R]. 2023-5-14.